GIBT ES EIN ÜBERLEBEN DES KÖRPERLICHEN TODES?

Lothar Arendes

Gibt es ein Überleben des körperlichen Todes?

Empirische und theoretische Untersuchungen der Parapsychologie zur Überlebenshypothese

Bibliografische Information der Deutschen Nationalbibliothek: Die Deutsche Nationalbibliothek verzeichnet diese Publikation in der Deutschen Nationalbibliografie; detaillierte bibliografische Daten sind im Internet über dnb.dnb.de abrufbar.

Lothar Arendes: Gibt es ein Überleben des körperlichen Todes? Empirische und theoretische Untersuchungen der Parapsychologie zur Überlebenshypothese

Veröffentlichung der 1. Auflage 2018

© 2023 Lothar Arendes. Neu formatierte, ein wenig verbesserte 2. Auflage

Herstellung und Verlag: BoD - Books on Demand, Norderstedt
Bild auf Vorderseite von pixabay.com

ISBN: 9783757879754

Inhaltsverzeichnis

1. Einführung in die Forschungsfrage

Die wissenschaftliche Grundlagenforschung lässt sich in zwei Teile gliedern, in die möglichst genaue *Beschreibung* der in der Natur ablaufenden Vorgänge und in die Bemühung einer *Erklärung*, wie es zu diesen Vorgängen kommt. Während der erste Teil vorwiegend aus beobachtbaren Phänomenen besteht, wird zur Erklärung der Vorgänge vielfach auf unbeobachtbare, auf theoretische Prinzipien zurückgegriffen wie beispielsweise auf besondere in der Natur vorkommende hypothetische Kräfte oder auf Extremalprinzipien. So gelang es in der klassischen Physik zunächst Kepler, die Planetenbahnen als ellipsenförmig zu beschreiben, wodurch er die damalige Annahme einer kreisförmigen Bewegungsform widerlegte, und anschließend konnte Newton auf Kepler aufbauend die Ellipsenbahnen und Galileis Fallgesetze mittels der von ihm postulierten unbeobachtbaren Gravitationskraft erklären. Analog bemüht sich in der heutigen Zeit die Evolutionsbiologie darum, die in der Vergangenheit abgelaufenen Prozesse der Entwicklung der Arten möglichst genau zu rekonstruieren, um daran anschließend Faktoren (wie die der Variation des Erbgutes und der Selektion der an die Umwelt weniger gut angepassten Lebewesen) angeben zu können, die für diesen Evolutionsverlauf verantwortlich sein sollen. Während noch bis vor kurzer Zeit die Variation des Erbgutes eine theoretische Annahme war, lassen sich heute Mutationen im Labor beobachten und sogar experimentell herstellen, und wenngleich die heutige Erklärung der Evolutionsvorgänge noch keine völlig befriedigende Theorie ist, so hat die Evolutionsbiologie doch bereits einen sehr beeindruckenden Stand erreicht. Anders sieht es in der Physiologie aus. Der Physiologie ist es zwar schon gelungen, die im lebenden Organismus ablaufenden Prozesse größtenteils auf sehr detaillierte Weise zu beschreiben, aber die grundlegenden Prinzipien, die für die hier ablaufenden Vorgänge verantwortlich sind, kennt man noch nicht sehr gut (vgl. Chauvet 1995). Angesichts der hohen Komplexität der physiologischen und der dazu gehörenden biochemischen Prozesse ist dieser Mangel nicht verwunderlich. So konnte auch Newton seine Theorien erst formulieren, nachdem man über den zeitlichen Ablauf makrophysikalischer Vorgänge Bescheid wusste. Wie genau aber die zeitlichen Abfolgen biochemischer und physiologischer Ereignisse sind, ist sehr schwer zu ermitteln und deshalb noch nicht genügend bekannt. Dass jedoch für diese Dynamik die heutigen physikalischen Theorien wie die Quantenmechanik, Thermodynamik, Kybernetik und Synergetik als Erklärung vollständig ausreichen, kann stark bezweifelt werden, und vor allem viele Begründer der heute dominierenden Quantenmechanik – Bohr, Heisenberg, Schrödinger, Wigner u.a. – vermuteten, dass man hierfür völlig neuartige theoretische Annahmen benötigt.

Dass die heutigen physikalischen Grundprinzipien nicht ausreichen dürften, alle biologischen Vorgänge zu erklären (auch wenn Systemtheorie, Synergetik und Kybernetik schon sehr viel leisten), wird besonders deutlich bei den biologischen Funktionen wie Stoffwechsel und Fortpflanzung. Biologische Vorgänge scheinen nämlich zielgerichtet abzulaufen: Das Herz schlägt, um das Blut zirkulieren zu lassen; eine der Aufgaben der Nieren ist, Stoffwechselabfallprodukte auszuscheiden; der Magen-Darm-Trakt dient der Verdauung etc. Wie soll es möglich sein, diese scheinbare Teleonomie mit mechanistischen Prinzipien zu erklären? Die Kybernetik erklärt zielhaftes Verhalten mittels Rückkopplungsschleifen und Kontrollmechanismen, welche Abweichungen von einem Sollwert reduzieren, aber wie dieses mit unserer heutigen mechanistischen Physik vereinbar und wie teleonomes Verhalten auf subzellulärer Ebene möglich sein soll (Rückkopplungsschleifen kann es nur auf einer höheren Systemebene geben), wird daraus noch nicht verständlich.

Wie unvollständig unser biologisches Wissen ist, verdeutlicht auch die Genetik. Die biochemischen Vorgänge in unserem Körper werden gesteuert von unserem Erbgut, die Umsetzung der Geninformationen in die dadurch kodierten Proteine oder gar die Steuerung der gesamten Embryogenese wird jedoch umso rätselhafter, je mehr man über diese Vorgänge entdeckt (s. Knippers 1995; Janning, Knust 2004). Um dies zu verdeutlichen, soll unser heutiges Wissen über Gene und Genexpression im Folgenden kurz zusammengefasst werden: Die menschlichen Gene bilden nur etwa drei Prozent unserer DNS, und ein einzelnes Gen kann über die restlichen 97 Prozent „Müll" verstreut sein. Außerdem hat ein einzelnes Gen eine Mosaikstruktur aus Kodierungs- und Nichtkodierungssequenzen – der Kodierungsabschnitt, der als Boten-RNS oder als Protein exprimiert wird, heißt Exon, die Zwischensequenzen heißen Introns. Soll ein Protein erzeugt werden, so werden zunächst sowohl Exons als auch Introns zu RNS transkribiert, und anschließend werden die von den Introns stammenden Teile entfernt, was als „Spleißen" bezeichnet wird.

Dieses Spleißen ist jedoch kein immer gleicher Vorgang, vielmehr findet je nach anvisiertem Protein ein alternatives Spleißen statt, und aus diesem Grund kann dasselbe Gen unterschiedliche Proteine hervorbringen. Dass dieses möglich sein muss, geht schon aus der Tatsache hervor, dass unsere 30.000 bis 40.000 Gene dazu in der Lage sein müssen, beispielsweise Millionen von möglichen Antikörpern hervorzubringen. Ein einzelnes Gen hat eine modulare und hierarchische Struktur und für die Genexpression gibt es keinen für alle Gene einheitlichen Regulationsmechanismus; jedes Gen kann seinen eigenen Regulationsmechanismus haben, und an der gesamten Proteinsynthese können über hundert Makromoleküle beteiligt sein, die ineinander verzahnt zusammenarbeiten müssen. Darüber hinaus ist noch hervorzuheben, dass viele phänotypische Eigenschaften eines Lebewesens nicht nur vom Genotyp bestimmt werden, sondern auch von Determinanten im Zytoplasma und von der Umwelt. Allein auf der Beschreibungsebene ist somit der Vorgang der Genexpression ungeheuer komplex, und die Frage, welche physikalischen Kräfte oder Prinzipien den genauen zeitlichen Ablauf bewirken können, ist dabei noch nicht einmal gestellt. Vergleicht man nur einmal den Menschen mit den großen Affen, so fällt auf, dass sich ihre Genome nur um 1% bis 2% voneinander unterscheiden, dass aber beispielsweise ihre unterschiedlichen intellektuellen Fähigkeiten darin ihren Niederschlag finden, dass sich ihre Genexpressionen im Gehirn stark voneinander unterscheiden (Normile 2001). Die Regulierung der Genexpression scheint also ein sehr wichtiger Faktor zu sein; aber weder kennt man bislang den genauen Ablauf der Genexpression (der sogenannte Müll dürfte hierbei eine große Rolle spielen), noch durchschaut man die hierbei wirkenden dynamischen Prinzipien. Welche physikalischen Kräfte oder Prinzipien zur vollständigen Erklärung der biologischen Dynamik postuliert werden müssen, ist somit noch sehr unbekannt.

In der neuzeitlichen Wissenschaft und insbesondere seit der Zeit der Aufklärung wurde die traditionelle Auffassung vom Leben, wonach eine Seele den materiellen Organismus steuere, ersetzt durch die Maschinentheorie des Lebens. Nach dieser Vorstellung der Materialisten ist der lebende Körper lediglich eine sehr komplexe Maschine, und wie komplex und leistungsfähig Maschinen sein können, verdeutlichen heutzutage besonders unsere Computer. Aber eine Maschine besteht in der Regel aus starren Bestandteilen, die nur ganz bestimmte Bewegungsformen ausführen können, wohingegen gerade die lebenswichtigen Teile eines Organismus, das Zellinnere, eine wässrige bzw. kolloidartige Substanz ist, die man kaum mit dem starren Aufbau unserer leistungsfähigsten Maschinen vergleichen kann. Aus solchen und anderen Gründen hat es auch in neuerer Zeit immer wieder herausragende Biologen gegeben, die die Maschinentheorie des Lebens anzweifelten (s. von Hartmann

1906). Hans Driesch beispielsweise, der Anfang des 20. Jahrhunderts bahnbrechende entwicklungsbiologische Experimente durchführte, glaubte in Anlehnung an Aristoteles, dass eine sogenannte Entelechie von außerhalb des Raumes die organische Materie steuere (Driesch 1928). Die Auffassung, nach der im lebenden Körper organismusspezifische Prinzipien wirken (eine Seele, Entelechie oder Lebenskraft) wird als Vitalismus bezeichnet.

Bis zur Neuzeit und vor allem bis zur Zeit der Aufklärung glaubten auch im Westen die meisten Menschen aufgrund ihrer religiösen Bindung an ein Leben nach dem Tod. Dem hielten später die Materialisten entgegen, dies würde den wissenschaftlichen Erkenntnissen und philosophischen Überlegungen widersprechen, wonach die gesamte Natur nur aus kleinsten Teilchen und den zwischen ihnen wirkenden Kräften bestehe. Da aber heutzutage umstritten ist, was die derzeit fundamentalste naturwissenschaftliche Theorie, die Quantenmechanik (QM), über die Natur aussagt (s. Arendes 2023b), muss der Materialist sich heute auf die Argumente zurückziehen, dass die heute allgemein akzeptierten wissenschaftlichen Theorien keine Entitäten wie die Seele oder Entelechie postulieren und dass es auch keine empirischen Fakten gäbe, die auf die Notwendigkeit derartiger Entitäten hindeuten. Ob das Letztere – dass es keine derartigen empirischen Befunde gäbe – tatsächlich stimmt, wird einen großen Teil der vorliegenden Arbeit ausmachen. Im 5. Kapitel werden Phänomene vorgestellt, die manche Parapsychologen und Philosophen als Indizien für ein Überleben des körperlichen Todes betrachten.

Viele Menschen, die an ein Leben nach dem körperlichen Tod glauben, glauben zusätzlich, dass es sich um ein *bewusstes* Leben handele – aber ist Bewusstsein ohne Körper möglich? Wir alle erleben immer wieder die Abhängigkeit unseres Bewusstseins von materiellen Stoffen: Ohne genügend Sauerstoff werden wir bewusstlos, und über die Möglichkeit einer Vollnarkose vor einer Operation durch bestimmte chemische Stoffe ist jeder Patient sehr erfreut. Kann es trotz dieser offensichtlichen materiellen Beeinflussbarkeit ein körperloses Bewusstsein geben? Die überwiegende Mehrzahl der Naturwissenschaftler bestreitet dies. Jedoch muss darauf hingewiesen werden, dass es eine allgemein akzeptierte naturwissenschaftliche Bewusstseinstheorie noch nicht gibt, und erst eine psycho-biophysikalische und experimentell getestete Theorie kann auf diese Frage eine wissenschaftlich befriedigende Antwort liefern. Auf meine Vorschläge zur Ausarbeitung einer Bewusstseinstheorie werde ich in Kapitel 3 eingehen.

In der heutigen Naturwissenschaft gibt es weder eine befriedigende Theorie der biologischen Dynamik (anders formuliert keine Theorie des Lebens) noch eine befriedigende Bewusstseinstheorie, und trotzdem sind die meisten

Naturwissenschaftler der festen Überzeugung, dass der Mensch mit dem körperlichen Tod vollständig aufhöre zu existieren. Worauf beruht dieser Glaube? Der Glaube an den völligen Tod hat hauptsächlich zwei Gründe. Einerseits glauben manche Naturwissenschaftler immer noch an das klassische physikalische Weltbild (was ihnen anscheinend oftmals gar nicht bewusst ist), wonach die Welt lediglich eine Zusammensetzung aus kleinsten Teilchen und den zwischen ihnen wirkenden Kräften ist, andererseits konzentrieren sich Naturwissenschaftler aus methodologischen Gründen auf *beobachtbare* Dinge. Hätte das klassische wissenschaftliche Weltbild Recht, so wäre der Mensch selbstverständlich tot, wenn seine Materiekonstellation zerfallen ist. Aber wie kaum noch bestritten werden kann, hat spätestens die QM das klassische Weltbild widerlegt, und heute gibt es kein Weltbild, dass von allen Wissenschaftlern geteilt wird, so dass es derzeit keine überzeugenden weltanschaulichen Argumente gegen ein Leben nach dem körperlichen Tod geben kann.

Das zweite Argument gegen den Glauben an eine Seele oder Entelechie ist die Unbeobachtbarkeit derartiger Entitäten. Im 17. Jahrhundert entstand unsere heutige Form wissenschaftlicher Forschung und diese hat seitdem einen so überragenden Erfolg gehabt, weil sich die Wissenschaftler, so glaubten sie zumindest, streng an das Beobachtbare hielten und sie alle transzendenten Entitäten, wie sie beispielsweise von den Kirchen im Mittelalter gelehrt wurden (Teufel, Engel etc.), als unbeobachtbaren Aberglauben leugneten. Lange Zeit war man in der Wissenschaft der Überzeugung, dass nur harte (d.h. beobachtbare) Fakten und darauf aufbauende Verallgemeinerungen (die sogenannte induktive Methode) die Grundlage der wissenschaftlichen Forschung ausmache. Aber auch diese methodologische Grundeinstellung der Wissenschaftler musste im 20. Jahrhundert revidiert werden. Grundlegende physikalische Theorien wie die QM und die metrische Gravitationstheorie lassen sich nicht direkt aus Beobachtungsdaten ableiten, vielmehr sind grundlegende Theorien kühne Vermutungen, die experimentelle Bestätigungen erhalten, ohne aber bewiesen werden zu können (s. Arendes 2020). Außerdem enthalten gerade die fundamentalen physikalischen Theorien Entitäten, die nicht beobachtbar sind, mit denen sich aber beobachtbare Phänomene erklären lassen. Solche Entitäten sind beispielsweise elektromagnetische Felder (man beobachtet ihre Auswirkungen, aber nicht die Felder selbst), thermodynamische Potenziale wie Enthalpie und Entropie, und selbst die Quarks sind nach den heutigen Theorien nur im Verbund als andere Teilchenarten beobachtbar, Quarks selbst jedoch nicht. Wenn aber eine unbeobachtbare Entität im Rahmen einer experimentell testbaren Theorie einen Erklärungswert besitzt, so wird sie von der Wissenschaftlergemeinschaft als existent betrachtet.

Da wir derzeit kein allgemein akzeptiertes Weltbild besitzen, das Entitäten wie die Entelechie oder die Seele ausschließt, und da heutzutage auch die wissenschaftliche Methodologie unbeobachtbare Entitäten nicht grundsätzlich verbietet, kann heute die Frage nach dem Überleben des körperlichen Todes auch von Naturwissenschaftlern vorurteilsfrei behandelt werden. Bevor in den Kapiteln 5 und 6 diesbezügliche empirische Untersuchungen und theoretische Überlegungen dargestellt werden, sollen zunächst in den folgenden zwei Kapiteln die QM mit ihren weltanschaulichen Konsequenzen und darauf aufbauend die von mir vorgeschlagenen Ansätze zur Formulierung einer Theorie der biologischen Dynamik und einer Bewusstseinstheorie beschrieben werden. Im vierten Kapitel wird eine kurze Einführung in die Parapsychologie, welche sich seit dem 19. Jahrhundert mit der Frage nach dem Überleben beschäftigt, gegeben.

2. Quantenmechanik und Computer-Weltbild

Die grundlegendste wissenschaftliche Theorie unserer Zeit ist die QM, aber obwohl ihr mathematischer Formalismus sehr gut ausgearbeitet ist und obwohl sie im experimentellen Test und in der technischen Anwendung eine überaus erfolgreiche Theorie ist, sind viele Physiker immer noch sehr unzufrieden mit ihr, weil sie große Probleme damit haben zu verstehen, was diese Theorie denn nun über die Realität aussagt. Offensichtlich ist, dass diese Theorie nicht mit dem klassischen physikalischen Weltbild übereinstimmt, und im Folgenden sollen einige der quantenmechanischen Interpretationsprobleme dargelegt werden, um anschließend ein Weltbild zu beschreiben, mit dem man die QM verstehen kann. (Für eine ausführlichere Darlegung der Interpretationsprobleme in der QM siehe Arendes 2023b.)

Welle-Teilchen Dualismus: Die Elementarteilchen, aus denen sich nach klassischer Ansicht alle materiellen Objekte zusammensetzen sollen, besitzen Eigenschaften, die auf eine Wellennatur hindeuten, und Eigenschaften, die die Teilchendeutung nahe legen. Nun ist aber eine Welle begrifflich etwas Anderes als ein Teilchen; ein Teilchen ist eine räumlich abgegrenzte Substanz, wohingegen eine Welle ein raumzeitliches Muster eines Trägermediums ist. Beides gleichzeitig zu sein, ist ausgeschlossen, und doch legen die QM und Experimente dieses nahe. Wie die Begründer der QM – Bohr, Heisenberg u.a. – feststellten, handelt es sich bei diesem wie bei vielen anderen Deutungsproblemen um die Schwierigkeit einer *raumzeitlichen* Beschreibung der Welt. Insbesondere Heisenberg behauptete wiederholt, dass unsere herkömmlichen Vorstellungen von Raum und Zeit nicht mit der wirklichen Welt zu vereinbaren seien. Neben dem Welle-Teilchen Dualismus gibt es Eigenheiten der Theorie, die ebenfalls auf die Raumproblematik hinweisen. So gibt es in der QM den *Bahnbegriff* überhaupt nicht, und beim Übergang von einem stationären Zustand zu einem anderen ändern Atome ihre Energie plötzlich, ohne dass man raumzeitlich angeben kann, wie es zu diesem *Quantensprung* des scheinbar im Atom befindlichen Elektrons kommt.

Reduktion der Zustandsfunktion: Beobachtbare Eigenschaften der quantenmechanischen Objekte werden mathematisch dargestellt mit der sogenannten Zustandsfunktion, welche die Wahrscheinlichkeit angibt, das Objekt in einem bestimmten Eigenzustand mit dem zugehörigen Messwert vorzufinden. Die Zustandsfunktion ist im Normalfall (d.h. vor einer Beobachtung des Objektes) eine Superposition aller möglichen Eigenfunktionen einer Messgröße, aber wie diese Superposition im Messakt zu dem Eigenzustand des tatsächlich beobachteten Messwertes reduziert wird, lässt sich derzeit physikalisch nicht vollständig befriedigend beschreiben. Dies ist das berühmte Problem der Reduktion der Zustandsfunktion bzw. des Kollapses der Wellenfunktion, wofür manche Physiker (z.B. von Neumann und Wigner) außerphysikalische Vorgänge wie den Eingriff des Bewusstseins des Beobachters verantwortlich machen.

Wahrscheinlichkeiten: Wie schon das Fehlen des Bahnbegriffes andeutet, beschreibt die QM nicht, wie ein Objekt von einem Ort zu einem anderen gelangt, stattdessen gibt die Theorie nur Wahrscheinlichkeiten, mit denen die Objekte und ihre Eigenschaften gemessen werden können. Was zwischen mehreren aufeinander folgenden Beobachtungen mit einem Objekt geschieht und ob es zwischen den Beobachtungen überhaupt real vorhanden ist, ist umstritten.

Unschärferelation: Die Unschärferelationen besagen, dass das Produkt der Standardabweichungen bestimmter Variablen immer größer oder gleich einer positiven Konstanten ist, was beispielsweise für Ort und Impuls gilt: Führt man eine sehr exakte Ortsmessung durch, so dass die Standardabweichung der Ortswerte null wird, dann muss die Standardabweichung der Impulswerte unendlich groß werden, damit die Ungleichung erhalten bleibt. Ein genauer Ort führt somit zur völligen Unbestimmtheit des Impulses. Führt man hingegen eine Impulsmessung durch, so dass die Standardabweichung der Impulswerte verschwindet, so muss die Standardabweichung der Ortswerte unendlich groß werden. Die Messung einer Variable verändert demnach die Streuung der Werte anderer Variablen, diese Veränderung der nicht gemessenen Variablen scheint aber nicht durch einen Störeinfluss des Messgerätes zu geschehen, denn unterschiedliche Messgeräte sollten einen unterschiedlich großen Störeinfluss haben, die Unschärferelationen gelten jedoch für alle Beobachtungsvorgänge gleichermaßen.

EPR-Paradox und Verletzung der Bellschen Ungleichung: Wechselwirken zwei Teilchen – z.B. zwei Protonen – kurzzeitig miteinander und fliegen danach in entgegengesetzte Richtungen voneinander weg (wie immer man sich auch dieses voneinander Wegbewegen ohne tatsächliche raumzeitliche Bahn vorstellen mag), so kann man nach der Wechselwirkung den Zustand eines Teilsystems nicht vorhersagen, aber selbst wenn sich die Teilsysteme beliebig weit voneinander entfernen, bleibt sowohl die Differenz ihrer Positionen als auch die Summe ihrer Impulse konstant. Hat man also durch eine Messung an einem der Teilsysteme den Ort bestimmt, so kann man den Ort des zweiten Teilsystems vorhersagen. Nun nehmen aber Physiker wie Einstein an, dass Eigenschaften, deren Werte man exakt vorhersagen kann, real existent sein sollten. Der Ort eines Objektes sollte somit eine reale Eigenschaft materieller Entitäten sein. Hat man jedoch nicht den Ort, sondern den Impuls des ersten Teilsystems gemessen, so kann man nun den Impuls des zweiten Teilsystems exakt vorhersagen, also sollte auch der Impuls eines materiellen Objektes eine real existierende Eigenschaft sein. Da es aber im Belieben des Experimentators steht, Ort oder Impuls des ersten Teilsystems zu messen, sollten beide Eigenschaften gleichzeitig real existierende Eigenschaften der Materie sein. Dem widerspricht jedoch, dass es keine Zustandsfunktion geben kann, die gleichzeitig Orts- und Impulswerte repräsentiert, und aus diesem Grund nahm Bohr (1985) und nehmen auch heute noch viele Physiker an, dass ein Objekt nicht gleichzeitig Ort und Impuls besitzt, dass vielmehr Objekteigenschaften erst durch die jeweilige Experimentalanordnung definiert werden. Erst die Experimentalanordnung, mit der man das erste Teilsystem misst, bewirke das Vorhandensein beispielsweise des Impulses am weit entfernten zweiten Teilsystem. An eine derartige „spukhafte" Fernwirkung der Versuchsanordnung auf das weit entfernte zweite Objekt vermochte vor allem Einstein nicht zu glauben, weshalb er die QM für unvollständig hielt. Das soeben geschilderte Gedankenexperiment, das die Unvollständigkeit der QM zeigen soll, wurde zum ersten Mal von Einstein, Podolski und Rosen formuliert, weshalb man es als das EPR-Paradox bezeichnet. Demgegenüber behaupten jedoch diejenigen, welche an die Vollständigkeit der Theorie glauben, dass die Realität tatsächlich einen Ganzheitszug aufweise, der die Beeinflussung des zweiten Objektes durch die Messung am ersten bewirke.

Bezüglich der Frage nach der Realität und Trennbarkeit von Objekten hat Bell 1964 eine mathematische Ungleichung bewiesen, deren experimenteller Test tatsächlich auf die Ganzheitlichkeit der Natur hinweist. Die nach Bell benannte Ungleichung lässt sich nämlich herleiten hauptsächlich aus den beiden Voraussetzungen der Realität und der Lokalität: Physikalische Objekte existieren unabhängig von ihrer Beobachtung, und physikalische Effekte breiten sich nicht mit Überlichtgeschwindigkeit aus. Die QM sagt aber voraus, dass unter bestimmten Bedingungen diese Ungleichung verletzt ist, so dass nach dieser Theorie mindestens eine der Voraussetzungen falsch sein sollte, und die meisten und besten Experimente haben die QM bestätigt und die

Ungleichung verletzt. Da wegen der Relativitätstheorie die meisten Physiker an die endliche Signalausbreitung glauben und da sie auch an der Realität der Objekte festhalten wollen, sind heutzutage viele Physiker dazu bereit, Bohrs Deutung der Ganzheitlichkeit der quantenmechanischen Phänomene zu akzeptieren.

Es hat in der Vergangenheit sehr viele verschiedene Versuche gegeben, den Formalismus der QM zu deuten, aber sie enthalten zumeist einige grundlegende Mängel (s. Arendes 2023b). Einige dieser Interpretationsversuche enthalten jedoch sehr interessante Ideen, so wie Bohr mit seiner Sichtweise der Ganzheitlichkeit vermutlich Recht hatte. Ein anderer Interpret und Mitentdecker der QM war Werner Heisenberg, der ebenfalls grundlegende Einsichten zum Verständnis der QM erreichte. Es war vor allem Heisenberg, der darauf verwies, dass unsere Vorstellungen von Raum und Zeit bei den quantenmechanischen Phänomenen nicht anwendbar seien. Eine weitere fundamentale Vermutung Heisenbergs war, dass quantenmechanische Entitäten vor ihrer Beobachtung in einem sogenannten Potentia-Zustand seien, d.h. in einem Zustand, der nicht raumzeitlich beschrieben werden könne, dass aber das Objekt im Beobachtungsakt von der Potenzialität in die Aktualität übergehe und dadurch sozusagen in unsere Raumzeit projiziert würde (Heisenberg 1990b). Wohingegen dieser Teil seiner Deutung auf die Naturphilosophie von Aristoteles zurückgeht, hat er sich bei seiner Deutung der Natur der Elementarteilchen von Platon inspirieren lassen. In der Elementarteilchenphysik zeichnen sich die Theorien dadurch aus, dass sie ganz bestimmte Symmetrien enthalten. Symmetrien sind dadurch charakterisiert, dass es bei Transformationen Invarianten, d.h. gleichbleibende Strukturen während der Veränderung des Gesamtsystems, gibt. Platon war nach der üblichen Auslegung seiner Philosophie der Meinung, dass mathematische Strukturen eine reale Seinsweise hätten und dass die Materie nur durch Ideen ihre Existenz erhalte. Er glaubte, dass sich die irdische Materie aus vier geometrischen Grundstrukturen – dem Kubus, Tetraeder, Oktaeder und Ikosaeder – zusammensetze. Heisenberg war nun der Meinung, dass das Charakteristische an diesen geometrischen Strukturen deren Symmetrieeigenschaften sei, und er brachte sie deshalb mit den Symmetrien der heutigen Physik in Zusammenhang. Für Heisenberg waren die Elementarteilchen Darstellungen von Symmetriegruppen (Heisenberg 1976). Diese realistische Deutung von Symmetrien wird nur von wenigen Physikern geteilt, aber die Vermutung, dass die Mathematik der physikalischen Theorien im Sinne Platons irgendwie eine wirkliche Existenz besitzt, ist sicherlich bedenkenswert und wird von manchen Philosophen, Naturwissenschaftlern und Mathematikern geteilt.

In meinem Buch über *Das Realismusproblem in der Quantenmechanik* habe ich die Interpretationsprobleme detaillierter dargelegt, als es hier nötig ist, und aufbauend auf dieser Analyse habe ich eine eigene Deutung der QM vorgeschlagen, indem ich ein neues Weltbild entwarf, innerhalb dessen ein Verständnis der QM vollständig möglich ist (Arendes 2020, 2023b). Da dieses Computer-Weltbild (CWB) auch bei der hier zu behandelnden Überlebenshypothese eine nützliche Metapher ist, soll es kurz beschrieben werden: Vergleicht man die Welt mit einem Computer, so lassen sich die Symmetrien und alle anderen mathematischen Strukturen der Physik (die Naturgesetze) als Strukturen der Weltsoftware deuten. Das Quantenvakuum, welches in der heutigen Physik nicht mehr ein vollkommenes Nichts ist, sondern der Grundbereich, aus dem heraus die Elementarteilchen entstehen, bildet die Hardware des Weltcomputers, wohingegen die Raumzeit mit den darin befindlichen Objekten dem Computer-Bildschirm mit den darauf befindlichen Abbildungen entspricht. Mit dieser Sichtweise lassen sich alle Eigenarten der QM leicht verstehen: Der Welle-Teilchen Dualismus kommt danach dadurch zustande, dass die beobachteten Objekte teilchenartige Projektionen auf den Bildschirm sind, während in der Software die Beobachtungsmöglichkeiten wellenförmig repräsentiert sind. Es gibt somit sozusagen Informationswellen in der Software und teilchenförmige Projektionen auf dem Bildschirm, und der Vorgang der Projektion auf den Bildschirm entspricht der Reduktion der Zustandsfunktion. Die Zustandsfunktion enthält die Informationen darüber, mit welchen Wahrscheinlichkeiten ein System die verschiedenen Werte der jeweiligen physikalischen Eigenschaften annehmen kann (vgl. Zeilinger 2002). Es gibt in der QM nicht den Bahnbegriff, weil sich die Elementarteilchen tatsächlich nicht über den Bildschirm bewegen, sondern erst in der Beobachtung auf ihn projiziert werden. Die Wahrscheinlichkeiten, mit denen die einzelnen Messwerte registriert werden können, beruhen somit vermutlich nicht auf wirklichen Zufallsprozessen, wie es manche Begründer der QM annahmen, sondern auf Pseudorandomisationen, die vom Computer deterministisch hervorgebracht werden. Ebenso sind in der Software auch die Unschärferelationen implementiert, wodurch die Beobachtungswahrscheinlichkeiten für die Ortswerte verändert werden, sobald der Impuls des Objektes gemessen wurde. Und schließlich wird auch die Ganzheitlichkeit, wie sie im EPR-Paradox zum Ausdruck kommt, verständlich, denn ein Computer kann das Verhalten eines Objektes in Abstimmung mit dem Verhalten aller anderen Objekte festlegen. Zwar gibt es auf dem Bildschirm keine Objektbewegungen mit Überlichtgeschwindigkeit, aber die Rechentätigkeit im Quantenvakuum kann wesentlich schneller als die Lichtgeschwindigkeit erfolgen.

11

Im Rahmen dieses CWB ist man somit in der Lage, selbst die seltsamsten Phänomene der QM bzw. der Natur zu verstehen. Natürlich ist die Welt nicht wirklich so aufgebaut wie unsere heutigen Computer, aber dieses metapherhafte Weltbild lässt sich auch analogiefrei formulieren, was ich in einem anderen Buch (Arendes 2023a) getan habe. Ich habe hier trotzdem diese Analogie beschrieben, weil abstraktere Formulierungen nicht so leicht verstehbar sind für Leser, die nicht genügend Kenntnisse der modernen Physik haben. Ein Bild sagt mehr als tausend Worte, lautet ein Sprichwort, und dieses CWB kann sogar bei der hier zu behandelnden Überlebensproblematik vieles verdeutlichen. Was meine analogiefreie Beschreibung der wissenschaftlichen Weltauffassung betrifft, so soll zum Abschluss dieses Kapitels kurz ihre Zusammenfassung, wie ich sie in meinem Buch über *Die wissenschaftliche Weltauffassung* gegeben habe, angeführt werden:

Nach der heutigen wissenschaftlichen Weltauffassung, wie ich sie vorschlage, besteht die Welt aus einer allgegenwärtigen unbeobachtbaren Grundsubstanz, dem Quantenvakuum beziehungsweise dem Äther oder Urmateriefeld (was nur verschiedene Namen sind). In dieser Grundsubstanz sind die Naturgesetze als Informationen implementiert, welche die Entstehung von beobachtbaren Phänomenen und deren Bewegungsformen steuern. In Vorgängen der Emergenz entstand aus dem Äther das gesamte Universum: die beobachtbare Materie, die Raumzeit, Bewusstsein und andere Phänomene. Aus dem Äther bzw. aus dem Vakuum ist vor mehreren Milliarden Jahren in einem Urknall die beobachtbare Materie entstanden, das Universum dehnt sich seitdem beständig aus und die zunächst fast vollständig homogene oder chaotische Verteilung der sogenannten Elementarteilchen hat sich im Lauf der Zeit in einem Prozess der Selbstorganisation zusammengelagert zu immer komplexeren Systemen – zu Atomen, Molekülen, Organismen, Gesellschaften und Gesellschaftssystemen –, die einer ständigen Evolution unterliegen. Obwohl alle diese Objekte aus mehreren Teilobjekten bestehen, sind sie in der Lage, als zusammengehörende Einheiten zu wirken. Am markantesten ist das bei unserem eigenen Körper: Wir bestehen aus vielen Molekülen, fühlen uns aber dennoch als eine Einheit mit persönlicher Identität, denn die Bewegungen der einzelnen Moleküle sind auf das Gesamtverhalten des Organismus abgestimmt. Die Abgrenzung von zusammengehörenden Einheiten gegenüber der Umwelt ist allerdings oft nicht vollständig; so können einzelne Einheiten selbst wieder Teile von übergeordneten Gesamtsystemen sein. Die Organe eines Körpers (Magen, Herz, Hirn etc.) bilden zwar voneinander getrennte Gesamtkomplexe, sind aber dennoch Teile des gesamten Lebewesens. Tatsächlich besitzen viele der im Lauf der Selbstorganisation entstandenen realen Objekte eine sehr komplexe Schachtelungsstruktur. Schachtelung bedeutet, dass mehrere

Komponenten zu einem System zusammengelagert sind, mehrere derartige Systeme bilden zusammen wiederum ein noch größeres System, viele solcher Systeme wiederum ein übergeordnetes Gesamtsystem etc. So bilden zum Beispiel im Gehirn mehrere Proteine einen Ionenkanal, viele Ionenkanäle bilden mit anderen Objekten eine Zellmembran, diese ist wiederum Teil einer Hirnzelle, viele Hirnzellen bilden einen Hirnkern, viele Kerne sind Teile des Gehirns, welches Teil eines Menschen ist, welcher zu einer Gesellschaft gehört. Dieser Schachtelung der realen Objekte entspricht auf der Ebene der Naturgesetze, die diese Objekte steuern, eine hierarchische Struktur, die als Schichtung bezeichnet wird. Die untersten Schichten werden gebildet von den Bewegungsgesetzen der einfachsten Objekte wie die der leblosen Materie, darüber liegt die Schicht der biologischen Gesetze, darüber die der Psychologie, der Soziologie und der Wissenschaft von den internationalen Beziehungen. Leblose Materie wird von den Gesetzen der Physik und Chemie gesteuert; sind aber beispielsweise Ionen Teile eines Körpers, so werden ihre physikalischen Gesetze den Gesetzen der Biologie angepasst; und Menschen sind Teile einer Gesellschaft und ihr psychologisches Verhalten wird von sozialen Gesetzen mitbestimmt. Die Konzeption einer Schichtung der Naturgesetze besagt somit, dass die schichthöheren Naturgesetze die genaue Ausgestaltung der niederen bestimmen. Dies bezeichnet man auch als Abwärtskausalität; die höhere Systemebene beeinflusst das Verhalten der niederen. Bei Mikroobjekten (Elementarteilchen) und Aggregaten mit geringer Teilchenanzahl scheinen Zufallsprozesse eine wichtige Rolle zu spielen, wohingegen das Verhalten von Makroobjekten, die sich aus sehr vielen Bestandteilen zusammensetzen, dem Kausalitätsprinzip unterliegt, wobei sich allerdings das (scheinbare, pseudorandomisierte) Zufallsverhalten von Mikroobjekten in bestimmten Situationen auch auf das Verhalten der Makroprozesse übertragen kann. Das Kausalitätsprinzip besagt, dass Bewegungsänderungen eines Objektes durch äußere Ursachen hervorgerufen werden, aber bei komplexeren Systemen wie den Prozessen innerhalb eines Organismus oder des gesamten Lebewesens sind die Bewegungsabläufe zumeist auch teleonom, d.h. zielgerichtet.

3. Biodynamik und Bewusstsein

Ein Weltbild, wie es im vorigen Kapitel skizziert wurde, ist in der Lage, selbst die seltsamsten Theorien der heutigen Physik verständlich zu machen, darüber hinaus kann es jedoch in der Wissenschaft noch eine weitere Funktion erfüllen. Aus einem Weltbild lassen sich nämlich neue Forschungsrichtungen ableiten, und es kann den wissenschaftlichen Forschern Anregungen geben, wie sie ihre Forschungsprobleme lösen könnten. So hatte das atomistisch-mechanistische Weltbild, welches sich im 17. Jahrhundert entwickelte, die Naturwissenschaft über Jahrhunderte hinweg vorangetrieben, obwohl es aus der Sicht heutiger Theorien falsch ist. Entsprechend könnte auch das CWB eine stimulierende Wirkung haben, und auf dieser Grundlage habe ich in anderen Büchern (Arendes 2020, 2023a) zahlreiche Leitideen für die wissenschaftliche Forschung formuliert: Das visuelle Bewusstsein lässt sich mit einem Computerbildschirm vergleichen, und ein Computer arbeitet Informationen auf ein Ziel hin ab, was zu einer Erklärung der biologischen Teleonomie nützliche Ideen beitragen kann. Die von mir vorgeschlagenen Ansätze zur Formulierung einer Theorie der biologischen Dynamik und einer Bewusstseinstheorie sollen nun in diesem Kapitel kurz beschrieben werden, denn diese Theorien werden sich bei der Besprechung der Überlebenshypothese als sehr interessant erweisen.

3.1 Grundstrukturen einer Theorie der Biodynamik

Dass die heutigen physikalischen Gesetze nicht ausreichen, biologische Prozesse zu erklären, wurde und wird nicht nur von manchen Biologen vermutet, sondern auch von herausragenden Physikern wie beispielsweise von vielen Entdeckern der QM wie Bohr, Heisenberg, Schrödinger, Pauli und Wigner. Seit den Forschungstätigkeiten dieser Physiker hat es zwar Fortschritte in Physik und Biologie gegeben, aber die grundsätzliche Problemstellung ist damals wie heute immer noch vorhanden: Wie lässt sich zielgerichtetes Verhalten von und in biologischen Organismen physikalisch erklären? Heisenberg schrieb hierzu: „Daher wird es wahrscheinlich für ein Verständnis der Lebensvorgänge notwendig sein, über die Quantentheorie hinauszugehen und ein neues abgeschlossenes Begriffssystem zu konstruieren, zu dem Physik und Chemie vielleicht später als Grenzfälle gehören mögen." An anderer Stelle schreibt er: „In ähnlicher Weise wird vielleicht die Existenz gewisser biologischer Funktionen (Stoffwechsel, Fortpflanzung usw.) die eigentliche Grundlage für das Verständnis der Lebensvorgänge abgeben müssen, und das Studium der physikalisch-chemischen Eigenschaften der Mikroorganismen verschafft uns nur Kenntnisse über die Vorgänge, mit denen die Natur spielt, um jene biologischen Grundformen zu verwirklichen" (Heisenberg 1990b: 92; 1990a: 114).

In der klassischen mechanistischen Physik bestimmen die Anfangsbedingungen (die Orts- und Impulswerte aller Teilchen) und Randbedingungen (die von außen wirkenden Kräfte) eindeutig das zukünftige Verhalten eines Systems. Demgegenüber ist es nahe liegend, funktionale Systeme, in denen die Bestandteile ein zielgerichtetes Verhalten zur Erhaltung des Gesamtsystems haben, so aufzufassen, dass die Anfangskonfiguration (zusammen mit dem „Zufalls"verhalten der QM) für das zukünftige Verhalten nicht solch eine grundlegende Bedeutung hat. Mehrere Systeme mit gleicher Anfangskonstellation sollten sich je nach angestrebtem Ziel verschieden entwickeln, wohingegen Systeme mit verschiedenen Anfangskonfigurationen sich auf den gleichen Zielzustand hin entwickeln sollten, wenn sie ein gleiches Ziel haben, und deshalb sollte ein System selbst bei kleineren äußeren Störungen seinen Zielzustand erreichen können. Es stellt sich nun die Frage, wie derartiges Verhalten angesichts der heute bekannten mechanischen Gesetze möglich sein kann. Wie Heisenberg im obigen Zitat andeutete, kann es sich bei den heute bekannten physikalischen Gesetzen und bei den vermuteten und noch zu entdeckenden biophysikalischen Gesetzen um ein Grenzfallverhältnis handeln. So wie die klassische Physik bei niedrigen Geschwindigkeiten in der relativistischen

Physik als Grenzfall enthalten ist und so wie die QM für hohe Objektanzahlen in der Regel dieselben Vorhersagen macht wie die klassische Physik, so sollte eine künftige alles umfassende biophysikalische Theorie die heutige Physik als irgendeinen Grenzfall enthalten; es sollte also im Allgemeinen keinen Widerspruch geben zwischen den heutigen Gesetzen und einer umfassenderen Theorie. Im Grenzfall sollten funktionalistische biophysikalische Naturgesetze die heutigen physikalischen Gesetze enthalten, so dass es nahe liegend ist, wieder Differenzialgleichungen zu suchen, da die heutigen Gesetze in dieser Form schreibbar sind. Interessanterweise entspricht ein Kennzeichen funktionellen Verhaltens – dass auch bei kleinen Störungen der Zielzustand erreicht wird – dem Attraktorverhalten nichtlinearer dynamischer Systeme, und nichtlinear sind sicherlich viele biologische Prozesse. Die mathematische Theorie dynamischer Systeme (die sogenannte Chaostheorie) soll deshalb kurz erläutert werden (für eine genauere Darstellung s. Arendes 2020).

Differenzialgleichungen höherer Ordnung lassen sich schreiben als Systeme mehrerer Differenzialgleichungen erster Ordnung. Mit den beiden Variablen x und y und dem Zeitparameter t lautet ihre allgemeine Form: $dx/dt = f(x,y)$, $dy/dt = g(x,y)$; dx/dt und dy/dt geben die zeitlichen Veränderungen der Variablen x und y an und $f(x,y)$ und $g(x,y)$ sind Funktionen dieser Variablen, die nichtlinear sein können. Als Beispiel betrachte man folgende Gleichungen (aus Hubbard, West 1995: 316): $dx/dt = x^2 - y^2 + 1$ und $dy/dt = y - x^2 - \alpha$ und mit dem zusätzlichen Parameter α. Setzt man für α einen beliebigen Wert ein, so erhält man ein System nichtlinearer Differenzialgleichungen erster Ordnung. Ist beispielsweise $\alpha = -\,2{,}0$, so zeigt die graphische Darstellung dieses Gleichungssystems im kartesischen Koordinatensystem einen sogenannten Punktattraktor im oberen linken Quadranten (s. Arendes 2020). Das bedeutet, dass sich das System zu diesem Punkt bewegen und dort verbleiben wird, wenn man das System im Umfeld dieses Punktes startet. Solch ein Punktattraktor wird auch als Senke bezeichnet. Eine Quelle hingegen befindet sich im rechten unteren Quadranten des kartesischen Koordinatensystems: Startet man das System genau an diesem Punkt, so wird es sich nicht bewegen, startet man es in seiner Nachbarschaft, so wird es sich davon weg ins Unendliche bewegen. Bei $\alpha = -2{,}0$ gibt es somit eine Region, innerhalb der das System zur Senke gezogen wird, und eine Region, von der es weggetrieben wird. Zwischen diesen beiden Regionen gibt es eine genaue Grenzlinie, so dass – führt man an diesen Stellen wiederholt Experimente durch, bei denen das System jeweils nur eine geringe andere Anfangsposition hat – das System manchmal zur Senke gezogen wird und in anderen Fällen ins Unendliche verschwindet, und diese sensible Abhängigkeit von der Anfangsbedingung wird als Chaos bezeichnet. Jedoch sind diese chaotischen Bereiche bei vielen Differenzialgleichungssystemen viel kleiner als die Gebiete, für die sich verlässliche Vorhersagen machen lassen. In unserem Zusammenhang ist aber wichtiger zu erwähnen, dass Existenz und Lage von Quellen und Senken von den zusätzlichen Parametern abhängen können. Ist in unserem Beispiel $\alpha = 0$, so gibt es keine Quelle, ist $\alpha = 2,0$, so gibt es weder eine Quelle noch eine Senke.

Dieses Verhalten nichtlinearer Differenzialgleichungssysteme legt nahe, das teleonome Verhalten von biologischen Systemen als Bewegung zu einem Attraktor zu deuten, so dass die funktionelle Zielsetzung die Festlegung eines Attraktors, d.h. die entsprechende funktionelle Einstellung der vorhandenen Parameter, wäre. Sind in einem System mit einem oder mehreren Parametern erst einmal alle Parameter entsprechend dem angestrebten Attraktor eingestellt, so wird sich das System wie in der klassischen Physik deterministisch oder wie in der QM mit zusätzlichem Zufallsverhalten zum Attraktor hinbewegen. (Wie ich im vorigen Kapitel dargelegt habe, gibt es zwar in der QM den Bahnbegriff nicht, um aber die Sprechweise zu vereinfachen, ist es in der Physik üblich, eine klassische Sprechweise zu benutzen.) Somit lassen sich zwei Vorgänge unterscheiden: 1. Funktionelle Einstellung der Parameterwerte, 2. Mechanistische bzw. quantenmechanische Bewegung zum Attraktor. Gibt es wie bei der toten Materie kein zielgerichtetes Verhalten, so fällt Punkt 1 weg; in diesem Fall wären die Parameter raumzeitlich unveränderliche Naturkonstanten. Demgegenüber liegt biologisches Leben vor, wenn diese Parameter variiert werden können durch Vorgänge, die im Äther bzw. im Quantenvakuum ablaufen sollten.

Dass die sogenannten Naturkonstanten der Physik auch veränderlich sein können, wird heute in der Physik immer häufiger diskutiert; so weiß man, dass die Hubble-Konstante der Kosmologie veränderlich ist. In meiner Theorie der Biodynamik nehmen Parameter eine sehr wichtige Rolle ein, was jedoch nichts Außergewöhnliches ist, denn in der Synergetik – nach der höhere Systemebenen die Systemkomponenten steuern – ist dies ebenfalls der Fall, und meine teleonome Theorie ließe sich sinnvollerweise gut mit dieser Theorie kombinieren.

Welcher Art könnte der funktionelle bzw. teleonome Teil der Naturgesetze sein, der die Parametereinstellung bewirkt? Zwar ist die genaue Art dieser Prozesse für die in dieser Arbeit zu behandelnde Überlebenshypothese nicht entscheidend, ein paar Überlegungen sollen aber trotzdem erwähnt werden. Die Prozesse innerhalb eines Organismus sind so komplex, dass man nicht erwarten kann, für sie alle exakte mathematische Formeln zu finden, und sollte die Welt tatsächlich eine enge Analogie zu einem Computer haben, so könnte man die funktionellen Vorgänge so formulieren, wie es in der Informatik –

z.B. in den Forschungsprojekten des künstlichen Lebens und der künstlichen Intelligenz – geschieht, etwa als Flussdiagramme, Zustandsdiagramme für Automaten oder als semantische Netzwerke. Wichtig wäre hierbei in erster Linie, eine Theorie zu finden, die angeben kann, welche Werte die unterschiedlichen Parameter in bestimmten Situationen annehmen, um dadurch einen experimentellen Test zu ermöglichen.

Zum Schluss soll noch einmal das oben erwähnte Grenzfallverhältnis der heutigen Physik zu einer zukünftigen biophysikalischen Theorie angesprochen werden. Wie am Ende von Kapitel 2 bei der Skizzierung der heutigen wissenschaftlichen Weltauffassung erwähnt wurde, sind Lebewesen geschachtelt strukturiert und diese Schachtelung der realen Objekte entspricht einer Schichtung der entsprechenden Naturgesetze. Man kann nun vermuten, dass die Parameter der Differenzialgleichungen umso variabler sind, je höher die zugeordnete Systemebene liegt, so dass die Parameter schichtniederer Systemebenen weniger variabel sind und sie bei der unstrukturierten toten Materie fast reine Konstanten sind, wie wir es aus der heutigen Physik als Naturkonstanten kennen.

3.2 Grundstrukturen einer Bewusstseinstheorie

Bewusstsein ist der Zustand, der eintritt, wenn man aus dem Schlaf oder aus einer Ohnmacht erwacht. In der wissenschaftlichen Forschung versucht man, sehr komplexe Sachverhalte zu erklären, indem man sich zunächst auf relativ einfache Teilaspekte konzentriert, weshalb es nützlich ist, sich zunächst auf das visuelle Bewusstsein zu beschränken. Das visuelle Bewusstsein, durch das wir unsere Umwelt wahrnehmen, besteht aus einem Kontinuum unterschiedlicher Farben mit unterschiedlichen Helligkeiten und Sättigungen, weshalb es im Sinne der mathematischen Physik als ein Feld aufzufassen ist. Zusätzlich zur Farbeigenschaft, die man ebenso wie die Töne und beispielsweise die Tast- und Geruchsempfindungen in der philosophischen Literatur als Qualia bezeichnet, enthält unser Wahrnehmungsbewusstsein eine semantische beziehungsweise interpretatorische Komponente, denn die Farben unseres visuellen phänomenologischen Feldes werden unwillkürlich als reale Objekte gedeutet; eine Sonne ist nicht nur eine gelbe Scheibe, sondern wird als ein reales Objekt der Außenwelt erlebt. Dass der von uns in der Wahrnehmung erlebte äußere Raum mit den darin befindlichen Objekten primär unsere eigene Psyche ist und dieses nur die von uns vermutete Außenwelt repräsentiert, macht man sich schnell klar, wenn man mit seinem Finger seitlich leicht auf einen Augapfel drückt: Dies führt zur Verdoppelung der Objekte. Die wissenschaftliche Erklärung der Entstehung der semantischen Qualitäten wird vermutlich wesentlich schwieriger sein als die Erklärung des phänomenologischen Farbfeldes, aber wenn man wenigstens die Entstehung der Farben erklären könnte, dann wäre für unser Selbstverständnis schon viel erreicht, denn die anderen Qualitäten könnte man sich zumindest auf philosophischer Ebene über analoge Mechanismen plausibel machen.

Es stellt sich nun die Frage, in welcher Beziehung das visuelle Bewusstseinsfeld zur Materie des Gehirns steht.[1] Interessanterweise gibt es in der Physik ein analoges Verhältnis zweier Eigenschaftsbereiche. Ebenso wie unser Bewusstsein unseren Körper steuert, aber selbst von der Hirnmaterie abhängt, so bestimmt das metrische Feld der Allgemeinen Relativitätstheorie (ART) das gravitative Verhalten der Materie, wird aber umgekehrt wiederum von der Materieverteilung bzw. von der Energie des Universums beeinflusst. In der ART wird dieses gegenseitige Verhältnis durch die Feldgleichungen ausge-

---

[1] Ausführlicher behandelt habe ich das Leib-Seele Problem und meine Theorie der Biodynamik in meinen Arbeiten von 1996 und 2020.

drückt, wobei die linke Seite der einsteinschen Feldgleichungen die Struktur der Raumzeit darstellt und die rechte Seite die Massenverteilung und innere Materiespannungen. Dementsprechend liegt es nahe, für das Bewusstsein ein ähnliches Gleichungssystem zu suchen, welches die funktionale Abhängigkeit des Bewusstseins von der Hirnmaterie beschreibt.

Mit einem solchen Gleichungssystem hätte man natürlich nur die funktionale Abhängigkeit von Hirnmaterie und Bewusstsein beschrieben, jedoch noch nicht die Entstehung des Bewusstseins, ebenso wie die Gravitationsgleichungen nur die Korrelation von Raumzeit- und Materiestrukturen angeben. Wie aber die Elementarteilchenphysik zeigt, sind Elementarteilchen keine unzerstörbaren grundlegenden Substanzen, sondern können ständig aus dem Quantenvakuum entstehen und wieder vergehen; außerdem nehmen viele Physiker an, dass auch die Raumzeit beim Urknall aus einer Quantenfluktuation entstanden sei. Wenn aber sowohl Materie als auch Raumzeit aus dem Vakuum bzw. Äther hervorgebracht werden, dann sollte der Mechanismus der Korrelation von Raumzeit- und Materiestruktur, wie sie in den Feldgleichungen zum Ausdruck kommt, in der Informationsverarbeitung im Äther verborgen liegen. Analog liegt nun die Vermutung nahe, dass auch das Bewusstseinsfeld vom Äther hervorgebracht wird und in Abhängigkeit von der Struktur der Hirnmaterie.

Die Frage nach der Entstehung des Bewusstseins wird in der Philosophie seit langer Zeit im Rahmen des sogenannten Leib-Seele Problems behandelt. Das Leib-Seele Problem enthält aber noch eine weitere Fragestellung, nämlich die nach der Art unserer Informationsverarbeitung. Kann die Materie, unser Gehirn, derartige Denkleistungen vollbringen, wie wir Menschen sie erbringen? Wie die heutigen Computer demonstrieren, ist Materie tatsächlich zu einer erstaunlich komplexen Informationsverarbeitung in der Lage, und im Rahmen des Forschungsprojektes der neuronalen Netzwerke bemühen sich die Theoretiker darum, unsere kognitiven Fähigkeiten durch materielle Prozesse zu erklären. Neuronale Netzwerke bestehen aus sehr vielen Neuronen und nach diesen Modellen bekommt jedes Neuron i von allen Neuronen eine Informationseingabe von $net_i = \sum x_j w_{ij}$, wobei x_j die Eingabe des j-ten Neurons ist und w_{ij} die synaptische Übertragungsstärke von j auf i. Die Informationsausgabe von Neuron i ist eine Funktion von net_i und hat einen Wert von 0, 1 oder einen Wert dazwischen. Damit es zu einer Ausgabe kommt, muss jedoch die Eingabe net_i einen bestimmten Schwellenwert erreichen, und damit ein Netzwerk kognitive Leistungen simulieren kann, müssen die synaptischen Verbindungen w_{ij} entsprechend eingestellt sein, was man erreicht, indem man zu Beginn der Simulation beispielsweise ein zu lernendes Eingabemuster (z.B. ein

Gesicht) wiederholt als Input gibt. Nach dem Lernvorgang ist ein solches Netzwerk in der Lage, derartige Muster wiederzuerkennen oder bei nur teilweiser Darbietung sogar zu vervollständigen.

Die Leistungsfähigkeit künstlicher neuronaler Netzwerke ist sehr umfangreich, ob sie jedoch tatsächlich unser gesamtes kognitives Verhalten erklären können und ob es gelingen wird, alle Elemente und Prozesse derartiger neuronaler Netzwerke im realen Gehirn der Menschen zu identifizieren, bleibt abzuwarten. Viele von denen, welche an ein Überleben des körperlichen Todes glauben, nehmen an, dass es Bewusstsein und Denkfähigkeit ohne Gehirn geben könne. Jedoch müssen diejenigen, die an ein Überleben glauben, dieses nicht unbedingt annehmen; nämlich diejenigen nicht, die an Reinkarnation glauben. An dieser Stelle soll aber hervorgehoben werden, dass die Hirnforschung unser Denken, Wahrnehmen und beispielsweise unser Gedächtnis heute noch nicht befriedigend erklären kann, worauf in Kapitel 6.2 noch einmal eingegangen wird (vgl. Kolb, Wishaw 1985; Carlson 2004).

In den folgenden Kapiteln werden die angeblichen empirischen Hinweise auf ein Überleben des körperlichen Todes beschrieben, und falls diese Daten tatsächlich ein bewusstes Überleben vermuten lassen, sollte dies Konsequenzen für eine Bewusstseinstheorie und für Theorien über unsere Denkfähigkeiten haben. Wie schon im vorigen Abschnitt über Biodynamik erwähnt wurde, enthalten die physikalischen Theorien Naturkonstanten; so gibt es in der Thermodynamik die Boltzmann-Konstante und in der ART die Gravitationskonstante. Diese Konstanten haben nicht nur einen quantitativen Wert, sondern auch Einheiten (Dimensionen) – die Boltzmann-Konstante hat die Dimension [Joule/Kelvin] –, mit denen man die quantitativen Werte verschiedener Qualitäten ineinander umrechnen kann (z.B. die Temperatur aus der mittleren Teilchengeschwindigkeit). Will man beispielsweise in der Lage sein, innerhalb einer zukünftigen Bewusstseinstheorie die Farbwerte des Bewusstseinsfeldes aus hirnphysiologischen Eigenschaften zu errechnen, so wird man hierfür eine neue Einheit und somit vermutlich als Umrechnungsfaktor eine neue Naturkonstante benötigen. Eine vollständige Bewusstseinstheorie könnte deshalb mehrere bislang unbekannte Naturkonstanten enthalten, welche entsprechend der im vorigen Abschnitt vorgestellten biodynamischen Theorie auch variabel sein könnten. Im Rahmen der hier vertretenen wissenschaftlichen Weltauffassung wären diese zusätzlichen Parameter im Äther bzw. Vakuum verankert und somit würde das Bewusstseinsfeld nicht nur von Eigenschaften aktiver Zellen Z_a des Gehirns abhängen, sondern auch von im Quantenvakuum befindlichen Parametern P_v. Das Bewusstseinsfeld F_B sollte also eine Funktion sein von aktiven Hirnzellen Z_a und von Vakuumparametern P_v:

$F_B = F_B(P_v, Z_a)$. Sollte es tatsächlich ein Überleben des körperlichen Todes, d.h. so etwas wie eine Entelechie oder Seele, geben, dann könnte man dies innerhalb der Bewusstseinstheorie und innerhalb der Biodynamik auf der Ebene dieser zusätzlichen Parameter formulieren. Nach dem Tod zerfallen zwar die Hirnzellen, aber einige Vakuumparameter könnten erhalten bleiben, was für die heute bekannten Naturkonstanten ohnehin der Fall ist, welche zwar nach heutiger Auffassung in der Regel universell gültig sind, es könnten aber auch persönlichkeitsspezifische Parameter existieren. Die vorgeschlagene Bewusstseinstheorie sollte somit nicht nur für diejenigen akzeptabel sein, die an den völligen Tod glauben, sondern könnte ausgebaut werden im Sinne der Hypothese vom persönlichen Überleben.

4. Parapsychologie

Die Parapsychologie ist diejenige Teildisziplin der Psychologie, die sich mit Vorgängen und psychischen Fähigkeiten wie Telepathie, Präkognition und Psychokinese beschäftigt, die neben den alltäglichen und gewohnten Vorgängen und Fähigkeiten gelegentlich auftreten (siehe Bender 1980: XVf). Mit der Vorsilbe para = neben bringt man zum Ausdruck, dass diese Vorgänge neben den uns vertrauten und mit den gewohnten Kategorien unseres Weltverständnisses begreiflichen Erscheinungen auftreten, und mit der Bezeichnung „Parapsychologie" ersetzte man Ende des 19. Jahrhunderts die zuvor gängigen Bezeichnungen „Psychical Research" und „Metapsychologie". Jedoch sind auch mit der Bezeichnung Parapsychologie viele Wissenschaftler unzufrieden, da sie nur ungenau ausdrückt, was hier erforscht wird. Statt alle Phänomene unter der Sammelbezeichnung Parapsychologie zusammenzufassen, sollte man vielleicht besser Telepathie, Hellsehen und Präkognition unter dem Ausdruck „Außersinnliche Wahrnehmung" in der Wahrnehmungspsychologie erforschen und Phänomene wie die Psychokinese unter diesem Namen in der Psychophysik.

Die Parapsychologie untersucht heutzutage hauptsächlich zwei Phänomenbereiche, die außersinnliche Wahrnehmung (ASW), bei der es sich um Wahrnehmungen handelt, die nicht durch die uns bekannten Sinnesorgane erfolgen und für die das Gehirn das Wahrnehmungsorgan sein könnte, und die Psychokinese (PK), bei der es zu einer mentalen Beeinflussung materieller Objekte kommen soll. Darüber hinaus beschäftigen sich Parapsychologen mit komplexeren Fragestellungen wie die in dieser Arbeit behandelte Überlebenshypothese. Als Telepathie bezeichnet man die direkte Übertragung psychischer Erlebnisinhalte (Gedanken, Bilder, Gefühle o.ä.) von einer Person auf eine andere, Hellsehen soll die außersinnliche Erfahrung von objektiven Vorgängen in der Außenwelt sein und Präkognition das Hellsehen von zukünftigen Vorgängen. Zur Psychokinese gehören Spuk sowie ähnliche physikalisch derzeit nicht erklärbare Phänomene wie Bewegungen von Gegenständen, Klopfen und andere Geräusche („Poltergeister") etc.

Für das Vorkommen dieser parapsychologischen Phänomene werden drei Arten von Belegen angeführt: Erlebnisberichte von spontan auftretenden Ereignissen, Experimente mit beliebigen Personen mit quantitativ-statistischen Methoden im Laboratorium und Experimente mit sogenannten „Medien" oder „Sensitiven", das heißt mit Menschen, bei denen man vermutet, dass sie über besonders stark ausgeprägte parapsychische Fähigkeiten verfügen (s. Bender 1976: Kap. 2). Die überzeugendsten Hinweise auf die Existenz dieser Phänomene findet man in zahllosen Erlebnisberichten, wie sie beispielsweise in England von der 1882 gegründeten *Society for Psychical Research* gesammelt und untersucht wurden. Es gibt verblüffende Berichte über präkognitive Träume (s. Bender 1976: Kap. 4; Tenhaeff 1976), Berichte über Erscheinungen von Lebenden und Verstorbenen und Aufzeichnungen von in Trance sich befindenden Personen, die ein erstaunliches Wissen über vergangene Vorgänge mitteilen, die teilweise sehr überzeugend paranormale Ereignisse belegen, worauf ich im folgenden Kapitel genauer eingehen werde.

Um diese Phänomene wissenschaftlich genauer untersuchen zu können, begann man Ende des 19. Jahrhunderts mit Laborexperimenten. Bei den berühmten Kartenexperimenten von J. B. Rhine am *Parapsychologischen Laboratorium* der amerikanischen Duke-Universität benutzte man auf Karten abgebildete fünf geometrische Figuren (s. Hilgard et al. 1975: 151f), die in einem Packen von 25 Karten jeweils fünfmal vorkamen. Die Karten wurden nacheinander nach einem Zufallsverfahren aufgedeckt und die Versuchspersonen mussten jeweils das Symbol nennen, natürlich ohne dass sie die Karten sehen konnten. Die Zufallserwartung bei einem Packen von 25 Karten liegt bei 5 richtigen Symbolnennungen und z.B. bei 200 Durchgängen bei 40 Treffern. Rhine führte zahllose Experimente durch, und manche Versuchspersonen zeigten tatsächlich Trefferquoten, die signifikant über der Zufallserwartung lagen (ebd. S. 152f). Hatte der Versuchsleiter die Symbole sehen können, so könnte Telepathie vorgelegen haben, konnte auch der Versuchsleiter die Karten im Experiment nicht sehen, so war das ein Hinweis auf Hellsehen, und gab die Versuchsperson erst die nächste aufzudeckende Karte überzufällig häufig richtig an, so war das ein Hinweis auf Präkognition.

Experimentelle Vorgehensweisen werden auch zur Untersuchung von Psychokinese benutzt. Bei diesen Experimenten muss sich die Versuchsperson darauf konzentrieren, physikalische Zufallsprozesse (z.B. in Zufallszahlengeneratoren, die durch radioaktiven Zerfall Zahlen generieren) auf signifikante Weise in eine bestimmte Richtung zu beeinflussen, und auch bei diesen

Experimenten hat man physikalisch noch nicht erklärbare Abweichungen vom Zufallsverhalten beobachtet; Trefferquoten mit Zufallswahrscheinlichkeiten von bis zu 107:1 (s. Schmidt 1993).

Bei den stärker qualitativen Untersuchungen mit Sensitiven, die man natürlich auch möglichst weit quantitativ-statistisch auswertet, werden beispielsweise psychometrische Experimente durchgeführt. Hierbei gibt man dem Sensitiven einen Gegenstand in die Hand (z.B. einen Ehering) und dieser soll daraufhin über den Eigentümer des Objektes Mitteilungen machen. Vielfach wird behauptet, dass Gegenstände tatsächlich als Induktoren für paranormales Wissen wirken können. (Der Ausdruck Psychometrie ist ebenfalls unbefriedigend, da hierbei gar nichts gemessen wird; manche Autoren bevorzugen deshalb den Ausdruck Psychoskopie; so z.B. Tenhaeff 1976).

Meiner Meinung nach bieten Erlebnisberichte von Spontanphänomenen die besten Hinweise auf die Existenz von Psi-Phänomenen, wie man parapsychologische Phänomene auch nennt, weil diese Phänomene spontan stärker auftreten als bei Experimenten im Labor. Experimentelle Laboruntersuchungen sind jedoch wichtig, um die Natur dieser Phänomene besser aufklären zu können, d.h. um auf Laboruntersuchungen aufbauend irgendwann einmal wissenschaftliche Erklärungen, beispielsweise physikalische Theorien, geben zu können. So haben die quantitativ-statistischen Experimente, wie sie von Rhine entwickelt worden sind, gezeigt, dass die emotionalen Verfassungen von Sender und Empfänger bei ASW eine wichtige Rolle spielen, auch gibt es bessere Resultate, wenn der Empfänger von telepathischen Eindrücken im Traum- oder im Hypnosezustand ist (Hilgard et al. 1975). Das ist auch der Grund, warum nüchterne Laboruntersuchungen in der Regel nur schwache Effekte zeigen, wohingegen drastische präkognitive Erlebnisse im Krieg öfter auftreten, weil im Krieg Tod und Leid völlig andere psychische Zustände herbeiführen (s. Bender 1976: Kap. 4).

Kritiker der Parapsychologie führen hauptsächlich zwei Gründe an, warum sie (angeblich) nicht an Psi-Phänomene glauben. Spontanberichte werden als Betrug, Sinnestäuschung oder Fehlinterpretation abgetan, und die Laborergebnisse hätten keinen beweisenden Charakter, weil sie nicht beliebig wiederholbar sind. Die hohen Antizufallswahrscheinlichkeiten treten nur hin und wieder auf, jedoch können große Abweichungen vom Zufallserwartungswert auch per Zufall auftreten. Sicherlich gibt es auch auf parapsychologischem Gebiet Betrüger, ebenso wie beispielsweise in der medizinischen Forschung, angesichts der vielen veröffentlichten Berichte von Spontanphänomenen erscheinen mir aber die Behauptungen, alle Berichte seien nur Betrug oder Selbsttäuschung, als eine dogmatische Arroganz, die nur das gelten lässt, was ins eigene

Weltbild passt. Wer sich weder von Spontanberichten noch von schlecht replizierbaren Laborergebnissen überzeugen lässt, dem kann man nur raten, täglich zu meditieren, über Jahrzehnte hinweg, wodurch man mit der Zeit so sensibel wird, dass irgendwann bei einem selbst spontan Telepathie- oder Präkognitionseffekte auftreten. Auch kann die Mitgliedschaft in Mysterien- oder Mystikerorden (s. Diehl 1999), welche früher die sogenannten Geheimbünde waren, hilfreich sein.

Es wird von Psi-Kritikern gern unterstellt, dass religiöse Fanatiker Spontanberichte erfinden oder falsch deuten, um so gegen die Wissenschaft und für ihre religiösen Überzeugungen argumentieren zu können. Derartiges gibt es sicherlich. Was jedoch kaum bekannt ist, ist, dass auch von der Gegenseite, den Psi-Ungläubigen, betrogen wird. Vor allem zwei Personenkreise haben keinerlei Interesse daran, dass parapsychologische Phänomene allgemein bekannt und geglaubt werden. Manche Religionsleitungen sind gegen die Parapsychologie, weil beispielsweise die im nächsten Kapitel berichteten Erscheinungen von Lebenden und Toten zeigen, dass man nicht der Sohn Gottes sein muss, wenn man dabei gesehen wird, wie man über das Wasser geht, oder wenn man nach seinem Tod anderen Personen erscheint und ihnen Mitteilungen macht. Auch haben die Untersuchungen der Medienkundgebungen in Amerika und in England spiritistische Religionen entstehen lassen, was von den traditionellen Kirchen als unliebsame Konkurrenz empfunden werden muss. (Gefördert werden jedoch von diesem Personenkreis Berichte über Nahtoderlebnisse und über außerkörperliche Erfahrungen, welche ebenfalls im nächsten Kapitel beschrieben werden, die aber nicht nur von Parapsychologen, sondern z.B. auch von Medizinern untersucht werden.) Neben diesen religiösen Gegnern treten als zweite Gegnerschaft der Parapsychologie linke politische Gruppen auf, denn Kommunisten und Sozialisten müssten den Verlust vieler Linksgläubiger befürchten, wenn sich die Überlebenshypothese durchsetzen würde. Auch kann man manche Menschen leichter manipulieren, wenn sie nur von diesem einen Leben etwas zu erwarten haben. Wer angesichts der vielfachen Belege heute noch an Telepathie zweifelt, der hat sich entweder nicht genügend informiert oder ist nicht in der Lage, eigenständig zu denken, und glaubt deshalb nur an offiziell verkündete Lehrmeinungen, oder er arbeitet für eine betrügerische Organisation, die die Parapsychologie gezielt bekämpft.

Wer die wissenschaftliche Akzeptanz der Psi-Phänomene verhindern will, braucht nur zu behaupten, dass alle Berichte über Spontanphänomene unglaubwürdig seien, weil Betrug und Selbsttäuschung nicht ausgeschlossen werden können, um deshalb die Forderung nach einem replizierbaren

Laborexperiment aufzustellen. Da die Laboratmosphäre natürlich nicht solche psychischen Konstitutionen bewirkt wie Todesfälle, besonders in Kriegen, sind Laboreffekte gering, und wenn sie doch einmal in stärkerer Form auftreten, sind sie mit denselben Versuchspersonen nicht sehr oft replizierbar. Ein heimlich bezahlter Leugner der Psi-Phänomene braucht also nur, um sein Ziel zu erreichen, so oft eine Wiederholung unter noch strengeren Versuchsbedingungen zu fordern, bis keine Replizierung mehr erfolgt. Dass hier eine inadäquate oder zumindest schlechte Methodologie gefordert wird, wissen nur wenige, weshalb diese Vorgehensweise, die wissenschaftliche Akzeptanz der Psi-Phänomene zu verhindern, sehr erfolgreich ist. Auch in Soziologie ebenso wie in anderen Teilen der Psychologie gibt es viele Phänomene, die nur mit der Feldforschung untersucht werden können, und wer parapsychologische Fallstudien unvoreingenommen studiert, kann nur die Existenz mancher Psi-Phänomene akzeptieren, wenngleich Fallstudien oftmals offenlassen, um welche Art von Phänomen es sich handelt, denn beispielsweise lassen sich viele Fälle anscheinender Präkognition auch mit Telepathie erklären. Um die genaue Natur der Phänomene zu untersuchen, sind jedoch Experimente mit hochbegabten Sensitiven besser geeignet als lange statistische Untersuchungen mit normalen Versuchspersonen. Demgegenüber sind inadäquate methodologische Forderungen wie ausschließliche Replizierbarkeit in Laboren ein Mangel der Methodologie und werden nur von Pseudowissenschaftlern bewusst angestrebt und gefordert.

Die Forderung der Replizierbarkeit von Laborergebnissen besagt, dass bei gleichen Rand- und Anfangsbedingungen dieselben Resultate auftreten sollen. Die exakt gleichen psychologischen Anfangsbedingungen – die gleichen Hirnstrukturen – lassen sich aber natürlich in der Psychologie nie herstellen. Wenn es in der Psychologie trotzdem wiederholbare Phänomene gibt, dann deshalb, weil manche Phänomene schon bei ähnlichen Anfangsbedingungen immer wieder auftreten. Ähnliche Startbedingungen im Übergangsbereich verschiedener Attraktor-Einzugsgebiete von nichtlinearen dynamischen Systemen (was viele Hirnprozesse sicherlich sind) führen jedoch nicht immer zu gleichen Ergebnissen, und eine solche Forderung ist deshalb für solche Systeme wissenschaftlich inadäquat. Wer dennoch auf die Forderung des replizierbaren Laborexperimentes beharrt, betreibt keine objektive Naturforschung, sondern will der Natur vorschreiben, wie sie gefälligst zu sein hat: im Labor herstellbar und replizierbar. Wirklich objektive Forschung erlaubt auch die Feldforschung, auch wenn sie fehleranfälliger ist als Laborexperimente, und gut untersuchte Einzelvorkommnisse belegen die Existenz von Telepathie und anderen Phänomenen hinreichend. Aber wer unbedingt an ein klassisches physikalisches Weltbild (eventuell ein wenig modifiziert) glauben will, der lässt sich hiervon ebenso wenig überzeugen wie vor mehreren hundert Jahren die Scholastiker vom kopernikanischen Weltbild. Insbesondere bei den in den nächsten Abschnitten beschriebenen Erscheinungen von Lebenden und Toten und bei der Deutung der Medienkundgebungen kommt man um die Annahme der Telepathie nicht herum, will man nicht auf naive Weise an Zufall und an Totenkundgebungen glauben oder auf paranoide Weise alle solche Berichte als Betrug abtun.

Da heutzutage eine politisch geförderte Parapsychologiefeindlichkeit sich wieder immer mehr ausbreitet, sind neuere Bücher hierüber oftmals wenig zu empfehlen, wohingegen beispielsweise in der Weimarer Zeit – also noch vor Hitlers Behinderung dieser Forschung – selbst herausragende Naturwissenschaftler keine Bedenken hatten, sich offen dazu zu bekennen. So beschrieb der angesehene Biologe und Philosoph Hans Driesch in seinem Buch *Parapsychologie* (1932) in dem Abschnitt „Die gesicherten Tatsachen", dass auf paraphysischem Gebiet nichts restlos gesichert sei, dass ihm aber Psychokinese, Spuk und vielleicht auch fragmentarische Materialisation wahrscheinlich waren. Als ganz gesichert galten ihm auf parapsychischem Gebiet die spontane Telepathie, das gewollte Gedankenabzapfen, Hellsehen und Psychometrie, wohingegen er die Prophetie nur als wahrscheinlich betrachtete, allerdings mit einer Wahrscheinlichkeit, die an 1 heranreiche. Diese Beurteilung der Psi-Phänomene halte ich für sehr ausgewogen, wenngleich man heutzutage vermutlich auch die Psychokinese positiver beurteilen muss.

Ich komme nun zu den *Erklärungsansätzen* für die ASW- und Psychokinesephänomene. Schon zu Drieschs Zeiten wurde von einigen Autoren die Strahlungshypothese vertreten, wonach bei der Telepathie physikalische Strahlen von einem Gehirn zum anderen für die Informationsübertragungen verantwortlich sein sollen; auch wurde von „psychischer Energie" gesprochen, die sich wellenförmig ausbreiten soll (s. Driesch 1932: 104f; Bender 1976:35). Wäre dies die richtige physikalische Erklärung, dann hätte man die Strahlung sicherlich schon nachgewiesen, und gegen diese Hypothese sprechen weitere Argumente wie die Unabhängigkeit des telepathischen Phänomens von der räumlichen Distanz. Mit der klassischen Physik wird man die Psi-Phänomene sicherlich nicht erklären können, aber wenngleich auch die heutige quantenmechanische Physik die Phänomene derzeit nicht erklären kann, so enthält die QM dennoch Elemente, mit denen man vielleicht einmal in Zukunft einige Aspekte der Phänomene wird erklären können. Wie in Kapitel 2 über QM beschrieben wurde, legen das EPR-Paradox und die Untersuchungen zur Bellschen Ungleichung einen Ganzheitszug der Natur nahe, der auch Telepathie als denkbar erscheinen lässt. Hier ist vor allem auf das vor ein paar Jahren experimentell nachgewiesene Phänomen der Quantenteleportation hinzuweisen, wonach sich instantan und ohne Einfluss des zwischen ihnen liegenden Raumes Informationen (der Quantenzustand) zwischen zwei Elementarteilchen übertragen lassen – ohne jeglichen materiellen Übertrag (Bouwmeester et al. 1997). Auf die QM greifen auch manche der in der Parapsychologie arbeitenden Physiker zurück, um die Psychokinese zu erklären (s. von Lucadou 1997). So bemüht man sich beispielsweise darum, das quantenmechanische Problem der Reduktion der Wellenfunktion und die Vermutung von Wigner und von Neumann, wonach das Bewusstsein des Beobachters die Reduktion durchführe, als Erklärungsgrundlage zu benutzen. Bislang ist es jedoch nicht gelungen, hiermit Psychokinese überzeugend zu erklären, und da ohnehin diese Interpretation der QM sehr problematisch ist (s. Arendes 2023b), will ich hierauf nicht weiter eingehen. Eine erfolgversprechendere Vermutung scheint zu sein, dass es nicht beim Reduktionsprozess zu einem psychokinetischen Einfluss kommt, sondern dass die quantenmechanischen Wahrscheinlichkeiten, wie sie in der Zustandsfunktion zum Ausdruck kommen, beeinflusst werden.

Auf die Psychometrie – die Hervorrufung paranormaler Eindrücke durch Gegenstände (Induktoren) – werde ich in späteren Kapiteln genauer eingehen, an dieser Stelle möchte ich nur noch auf die Präkognition zu sprechen kommen, welche sicherlich das verblüffendste aller Psi-Phänomene ist. Eine wissenschaftliche Erklärung dieses Phänomens wird eventuell am schwierigsten sein und das ist wohl auch der Grund, weshalb dies Phänomen am hartnäckigsten geleugnet wird. Im Zusammenhang mit diesem Phänomen ist hervorhebenswert, dass die Lösungen der Feldgleichungen der ART Vergangenheit und Zukunft des Weltgeschehens enthalten, weshalb manche Interpreten dieser Theorie (fälschlicherweise) glauben, es gäbe überhaupt keine Entwicklung, vielmehr sei die ganze Welt ein statischer Raumzeitblock. Demgegenüber nahmen auf naturphilosophischer Ebene Autoren wie von Hartmann, James und Osty an, es könne eine Art Weltgeist oder Weltbewusstsein geben, und solch ein universelles Bewusstsein enthalte Kataloge über Vergangenes und Pläne über Zukünftiges (s. von Hartmann 1898: 79; Driesch 1932: 121f, 126f). Dies erinnert natürlich an den von mir ausgearbeiteten Weltbildvergleich mit einem Computer, in dem Vergangenes und Zukünftiges gespeichert sein könnte.

Abschließend kann somit zusammenfassend festgestellt werden, dass es mehrere Psi-Phänomene tatsächlich gibt, dass keines gegen unumstößliche Prinzipien der Physik verstößt, dass es aber auch noch nicht gelungen ist, sie wissenschaftlich befriedigend zu erklären. Letzteres kann nicht verwundern, da die Physik erst kürzlich damit begonnen hat, komplexere Systeme mit ihren Emergenzeigenschaften zu untersuchen. Wer aber ein Phänomen leugnet, nur weil es noch nicht mit heutigen physikalischen Theorien erklärt werden kann oder weil es nicht im Labor replizierbar herstellbar ist, ist nicht aufgeklärt und rational, sondern eher ein scheinwissenschaftlicher Dogmatiker.

5. Argumente für und gegen die Überlebenshypothese

Mit dem Tod zerfällt der menschliche Körper und trotzdem gibt es seit Jahrtausenden den Glauben an ein Überleben – in der Form einer Seele, einer Entelechie oder wie immer man die überdauernde Entität nennen mag, die unser eigentliches Selbst ausmachen soll. Insbesondere seit der Zeit der Aufklärung hat sich jedoch im Westen eine materialistische Weltanschauung ausgebreitet, die zwar inzwischen in vielen Details von der heutigen Physik widerlegt worden ist, trotzdem ist aber der Glaube an das völlige Ende beim körperlichen Tod heute noch die vorherrschende Lehrmeinung der Naturwissenschaften. Von den Leugnern des Überlebens wird dieser Glaube psychologisch als reines Wunschdenken betrachtet, denn es ist nur wenig bekannt, dass es Phänomene gibt, die zunächst tatsächlich so aussehen, als würden sie das Überleben beweisen. Dass viele Menschen aus einem Wunschdenken heraus an das Überleben glauben möchten, ist zweifellos richtig; aber das Faktum, dass die empirischen Phänomene, die auf ein Überleben hindeuten könnten, der Öffentlichkeit kaum bekannt sind und erst recht nicht ausreichend öffentlich diskutiert werden, deutet an, dass auch diejenigen, die nicht ans Überleben glauben, psychologischen Mechanismen unterliegen. Dass es vielleicht nicht ausreicht, nur für sein jetziges Leben zu sorgen, mag vielen Menschen unbequem sein. Auch ist der Mensch ein Gewohnheitswesen; wenn er mit einem bestimmten Glauben aufgewachsen ist, so trennt er sich nur sehr ungern davon, und dass der Materialismus, wie er seit der Aufklärung vollmundig als Rationalität verkündet worden ist, zu oberflächlich sein soll, mag mancher, der sich für intellektuell und aufgeklärt hält, als einen Angriff auf sein intellektuelles Selbstwertgefühl empfinden.

Da es psychologisch wirksame Mechanismen bei Befürwortern und Gegnern der Überlebenshypothese (ÜH) gibt, sollte der wissenschaftlichen Untersuchung dieser so wichtigen Fragestellung endlich wieder – wie es in

Deutschland in der Weimarer Zeit schon geschah – größere Aufmerksamkeit geschenkt werden, um wissenschaftlich aufzuklären, ob diese Hypothese nur Wunschdenken ist oder ob hier wieder einmal eine wissenschaftliche Revolution von der etablierten Wissenschaft oder der Politik behindert wird, so wie es bei der kopernikanischen Wende der Fall war. In diesem Kapitel werden die wichtigsten Phänomenarten, die von den Befürwortern der ÜH als empirische Argumente angeführt werden, vorgestellt, Argumente und Gegenargumente von Befürwortern und Kritikern der ÜH werden abwechselnd einander gegenübergestellt und dabei einige Theorien, die von Gegnern und Befürwortern als Erklärungen der jeweiligen Phänomene angeboten werden, besprochen. Eine detailliertere Besprechung der parapsychologischen Theorien über die genaue Art des vermuteten Überlebens erfolgt in Kapitel 6, um darauf aufbauend im letzten Kapitel ein allgemeines Fazit über die ÜH zu versuchen und für die künftige Forschung Anregungen zu geben.

Im Folgenden werden hauptsächlich sechs Phänomenarten besprochen, die von Vertretern der ÜH als Argumente angeführt werden: *Erscheinungen* von Sterbenden und Verstorbenen; *Sterbebett-Visionen*, bei denen Erscheinungen von verstorbenen Verwandten und Freunden und von „religiösen Wesen" erlebt werden, die den Sterbenden in eine jenseitige Welt holen oder sie zumindest darauf vorbereiten wollen; *Nahtoderlebnisse* von Personen, die etwa von ihren Ärzten als klinisch tot beurteilt worden sind; angebliche *Kommunikationen mit Verstorbenen* durch Personen, die als Trance-Medien in Séancen auftreten; Berichte über *angebliche Erinnerungen an frühere Leben*; und *außerkörperliche Erfahrungen* von Lebenden. Wie diese Phänomenbereiche schon andeuten, kann die bislang allgemein gehaltene These vom Überleben des körperlichen Todes unterschiedlich ausgestaltet werden. Während die Spiritisten an Geister glauben, welche keinen Körper oder einen Äther- oder Astralleib haben sollen und welche bewusst und handelnd sein sollen, können Vertreter der Reinkarnationsidee den Zwischenbereich zwischen dem körperlichen Tod und der Wiederverkörperung als bewusstlos und inaktiv annehmen, sie glauben aber zumeist an eine aktive Zwischenphase. Vor allem Philosophen und Parapsychologen haben weitere Theorien vorgeschlagen, die im 6. Kapitel erörtert werden.

Meine eigene Motivation dafür, mich insbesondere mit den Argumenten des Spiritismus, den ich früher immer nur als abwegige Spinnerei betrachtete, auseinanderzusetzen, entstand dadurch, dass ich vor ein paar Jahren die in Abschnitt 3.2 beschriebene Bewusstseinstheorie vorgeschlagen hatte, wonach das Bewusstsein auf ähnliche Weise mit Hirnstrukturen korrelieren sollte wie in der ART die Raumzeit mit Materiestrukturen. Das Überraschende daran war für mich, dass die Feldgleichungen der Gravitationstheorie eine Raumzeitstruktur erlauben, selbst wenn es keine Materie geben sollte, und für meine Analogie bedeutete dies, dass ein Bewusstsein theoretisch möglich sein könnte ohne Hirnstruktur, allein aufgrund der Vakuumparameter.

5.1 Erscheinungen

Erscheinungen sind Wahrnehmungsphänomene, bei denen man in seinem visuellen Wahrnehmungsfeld (manchmal auch in anderen Sinnesqualitäten) Dinge erlebt, die es nach unserem allgemeinen Realitätsverständnis an der betreffenden Stelle oder zur gegebenen Zeit gar nicht geben sollte. Diese Objekte werden oftmals als ebenso realistisch wahrgenommen wie die Objekte unserer alltäglichen Wahrnehmung und nur aufgrund ihrer theoretischen Unwahrscheinlichkeit gern als Halluzinationen gedeutet. Um dies zu verdeutlichen werde ich im Folgenden mehrere Berichte von solchen Erlebnissen zitieren, zunächst zweimal die Erscheinung eines normalen Lebenden, anschließend die eines Sterbenden, danach die Erscheinung einer vor langer Zeit verstorbenen Frau und schließlich die eines unidentifizierten Mannes:

a) Eine Frau Stone aus Bridport berichtete Ende des 19. Jahrhunderts darüber, dass sie selbst anderen Personen erschienen sei:

„Bei drei Gelegenheiten bin ich, jedesmal von anderen Personen, gesehen worden, ohne körperlich gegenwärtig zu sein. Zum erstenmal wurde ich in dieser Weise von meiner Schwägerin erblickt, die in der Nacht nach der Geburt meines ersten Kindes bei mir wachte. Sie sah nach dem Bette hin, in dem ich schlief, und sah deutlich zugleich mich selbst und meinen Doppelgänger, mich als natürlichen Körper, den letzteren dagegen luftiger und schwächer; mehreremal schloß sie die Augen, aber wenn sie sie öffnete, blieb die Erscheinung bestehen, und erst nach einer kleinen Weile schwand sie dahin. Sie hielt sie für ein Zeichen nahen Todes und machte mir erst nach mehreren Monaten davon Mitteilung.

Das zweite Mal sah mich meine Nichte, als sie in Dorchester bei uns wohnte. Es war ziemlich zeitig an einem Frühlingsmorgen; sie öffnete ihre Schlafzimmertür und sah mich, wie ich die Treppe gegenüber ihrem Zimmer hinaufstieg, fertig angezogen mit schwarzem Trauerkleid, weißem Kragen und Kappe; ich trug damals Trauer um meiner Schwiegermutter willen. Sie sprach mich nicht an, sah mich aber, wie es ihr schien, in die Kinderstube hineingehen. Zum Frühstück sagte sie zu ihrem Onkel: ‚Tante war heute aber früh auf, ich sah sie, wie sie ins Kinderzimmer ging.‘ Mein Gatte antwortete: ‚Aber nein, Johanna, sie war nicht wohl und will erst herunterkommen, wenn sie in ihrem Zimmer gefrühstückt hat.‘" (Baerwald 1925: 128f)

b) „Hr. Daniel Amosow berichtet, unter Gegenzeichnung seiner Mutter und des Hrn. Kusma Petrow, daß an einem Maiabend 1880 gegen 6 Uhr, während er mit seiner Mutter und seinen jüngern Geschwistern im Saal ihres Petersburger Hauses saß und ein Besucher sich mit seiner Mutter unterhielt, – die allgemeine Aufmerksamkeit plötzlich auf den Hund Moustache gelenkt wurde, 'der unter lautem Gebell auf den Ofen zu stürzte. Unwillkürlich blickten wir alle in derselben Richtung und sahen auf dem Gesims des großen Fayence-Kachelofens einen kleinen Knaben, etwa 5 Jahre alt, im Hemde. In diesem Knaben erkannten wir den Sohn unsrer Milchhändlerin, Andrej, der häufig mit seiner Mutter zu uns zum Spielen kam; sie wohnten ganz in unsrer Nähe. Die Erscheinung löste sich vom Ofen ab, bewegte sich über uns alle hin und verschwand im offenen Fenster. Während dieser ganzen Zeit – etwa 15 Sekunden – hörte der Hund nicht auf, aus voller Kraft zu bellen, und lief und bellte, indem er der Bewegung der Erscheinung folgte.' Bald danach kam die Mutter Andrejs und berichtete, daß dieser, der seit einigen Tagen, wie man wußte, krank lag, 'wahrscheinlich um die Zeit, da wir seine Erscheinung sahen, gestorben war'." (Mattiesen 1987 III: 19)

c) W. S. Grignon berichtete einen Fall, der ihm vom Ehepaar Davis erzählt worden war:

„Hier wurde Mrs. Davis in der Neujahrsnacht 1882 'durch ein ungewöhnliches Licht' in ihrem Schlafzimmer erweckt und 'sah an [ihrem] Bette die Gestalt einer ältlichen Person vorübergleiten; diese bewegte sich durch die geschlossene Tür in Mr. Davis` [nebenan gelegenes] Zimmer'. Mr. Davis seinerseits schreibt (am 21. Febr. 1889), er sei in der gleichen Nacht 'aus ruhigem Schlaf erweckt worden durch ein Licht, das durch die Tür, die ins Schlafzimmer meiner Frau führte, hereinzudringen schien, und unmittelbar darauf erschien eine Gestalt, näherte sich [meinem] Bett, neigte sich nieder, um mich zu küssen, und verschwand plötzlich, aber erst nachdem ich die Züge der Erscheinung als die meiner Mutter erkannt hatte, welche 81 Jahre alt i. J. 1872 gestorben war.'" (ebd. S. 20)

d) „Miss Du Crane erzählt, daß sie am Abend des 1. Nov. 1889 zwischen 9 1/2 und 10 Uhr in ihr Schlafzimmer hinaufgegangen war, von dem eine offene Tür in ihrer Mutter Schlafzimmer führte. 'Das einzige Licht war der Schimmer, der in beide Zimmer durch die venezianischen Rollvorhänge drang. Während ich am Kaminsims stand, erschrak ich über das plötzliche Erscheinen einer Gestalt, welche geräuschlos aus dem Außenzimmer auf mich zuglitt. Die Erscheinung war die eines jungen Mannes von mittlerer Größe in schwarzem Gewande und Hut. Sein Gesicht war sehr blaß, die Augen niedergeschlagen, wie die eines tief Nachdenkenden, der Mund von einem Schnurrbart beschattet. Das Gesicht war ein wenig leuchtend, was mich instandsetzte, die Züge deutlich zu unterscheiden, obgleich wir z. Zt. sehr wenig Licht hatten. Die Erscheinung glitt auf meine Schwestern zu, welche innerhalb des Zimmers ganz nahe der Außentür standen und die gerade ihres Bildes im Spiegel gewahr geworden waren. Einige Zoll von ihnen verschwand sie so plötzlich, wie sie gekommen. Während die Gestalt an uns vorüberglitt, fühlten wir deutlich eine kalte Luft, welche sie zu begleiten schien. Eine meiner Schwestern sah die Erscheinung nicht, da sie sich gerade abgewandt hatte, fühlte aber die kalte Luft.'" (ebd. S. 6f)

Die letzten drei Berichte habe ich dem dreibändigen Werk *Das persönliche Überleben des Todes* von Emil Mattiesen entnommen, welches erstmals 1937 und 1939 erschienen ist. Mattiesen war ein sehr scharfsinniger Vertreter des Spiritismus und sein Werk verdeutlicht, dass der Spiritismus auf einem sehr hohen intellektuellen Niveau vertreten werden kann, selbst wenn man nicht immer seiner Argumentation und seiner spiritistischen Einstellung zustimmen kann. Demgegenüber habe ich das erste Zitat aus dem Buch eines von Mattiesen oft zitierten Kritikers des Spiritismus entnommen, dem Buch *Die intellektuellen Phänomene* (1925) von Richard Baerwald aus der Reihe *Der Okkultismus in Urkunden*, herausgegeben von Max Dessoir, von dem auch der Ausdruck „Parapsychologie" stammt. Mattiesen hat ein so hohes Argumentationsniveau, wie man es bei heutigen Publikationen über dieses Thema kaum findet, sein Werk hat aber den Nachteil, dass Mattiesen oft auch schlecht beglaubigte Vorfälle anführt. Bei meinen Zitaten aus seinem Werk werde ich mich deshalb auf diejenigen Berichte beschränken, die von der *Society for Psychical Research* untersucht bzw. publiziert worden waren – welche als sehr glaubwürdig gelten – oder die auch von kritischeren Autoren als Mattiesen zitiert werden.

Berichte über Erscheinungen wurden von der *Society for Psychical Research* Ende des 19. Jahrhunderts intensiv untersucht, 1968 und 1974 wurde aber auch vom Oxforder *Institute for Psychophysical Research* über die Massenmedien ein Aufruf zum Einsenden solcher Berichte verbreitet, woraufhin ca. 1800 Einsendungen erfolgten, von denen viele durch zusätzliche Fragebogen weiter erforscht worden sind. Die Analyse dieser Berichte veröffentlichten Green und McCreery in ihrem Buch *Apparitions* (1975), welches eine große Vielfalt dieses Phänomenbereichs zeigt: Nicht nur Verstorbene und Lebende können erscheinen, auch Gegenstände, Katzen und Hunde, sogar die eigene

Person einem selbst, so dass man seinen eigenen Doppelgänger wahrnimmt, Erscheinungen können ortsgebunden wiederholt auftreten und sogar von mehreren Personen kollektiv wahrgenommen werden.

Eine noch eingehendere Analyse von Erscheinungsberichten wurde von Hart und seinen Mitarbeitern (Hart 1956) vorgenommen. Nach dieser Untersuchung sind Erscheinungen semi-substanziell u.a. mit folgenden Eigenschaften: Sie werden als fest oder real beschrieben; sie sind oft auch akustisch und taktil wahrnehmbar; sie sehen manchmal aus wie identifizierbare Objekte und Personen, und die Perzipienten oder auch andere lebende Personen haben manchmal gar nicht gewusst, dass z.B. ein Verstorbener die beobachteten Eigenschaften hatte, diese beobachteten Eigenschaften konnten aber manchmal nachträglich verifiziert werden; die Erscheinungen können sich oft an ihre Umgebung anpassen, also z.B. Treppen steigen, Fluren entlang gehen o.ä.; sie können in Spiegeln gesehen werden, andere Objekte in der Sicht verdecken, kollektiv von mehreren Personen wahrgenommen werden, werden aber manchmal nicht von allen anwesenden Personen gesehen. Manche Erscheinungen werden als nur halb-substanziell bezeichnet, weil sie auch folgende Eigenschaften haben können: Sie erscheinen und verschwinden ganz plötzlich, lösen sich manchmal einfach in Luft auf, gehen manchmal durch Wände und verschlossene Türen, erheben sich in die Luft und kommunizieren telepathisch ohne physikalisch ausgesprochene Wörter oder Gesten.

Als Argumente für seine spiritistische Überzeugung, wonach Menschen nach ihrem Tod als Geister weiterleben, führt Mattiesen (1987 I) u.a. Folgendes an:

a) Oftmals sind Inhalte der Wahrnehmung dem Perzipienten bis zum Auftreten der Erscheinung unbekannt gewesen, d.h. er oder sie wusste gar nicht, dass der Verstorbene das bestimmte Aussehen oder eine bestimmte Kleidung gehabt hatte, was aber oft nachträglich tatsächlich nachgewiesen werden konnte.

Kritiker der Spiritismus-These wie Baerwald (1925) halten Erscheinungen für selbstfabrizierte Halluzinationen (ähnlich denen der Eidetiker, welche Personen – meist Kinder und Jugendliche – sind, die ihre Phantasien als unmittelbare Wirklichkeit erleben), und das Wissen über das genaue Aussehen des Verstorbenen habe der Perzipient zu Lebzeiten der wahrgenommenen Person auf telepathischem Wege unbewusst erhalten, wenn er es tatsächlich niemals hatte auf normalem Weg wissen können. Oftmals vergisst man nämlich etwas schon Bekanntes, und im Unterbewusstsein ist dieses Wissen weiterhin vorhanden (Kryptoamnesie) und kann beim Halluzinieren verwendet werden. In der Parapsychologie kennt man viele Fälle, bei denen Personen, oft nach Jahren, ganze Abschnitte aus Büchern oder andere Informationen zitierten, die sie viele Jahre zuvor gelesen und von denen sie vergessen hatten, dass sie sie gelesen hatten. In einigen Fällen konnte jedoch nachgewiesen werden, dass der Perzipient das fragliche Wissen zuvor nicht gehabt haben konnte, und derartige Fälle betrachtet selbst der Skeptiker Baerwald als besonders überzeugende Argumente für die Existenz von Telepathie. Ohne die Annahme der Telepathie wären die Argumente der Spiritisten zweifelsohne manchmal sehr überzeugend. Auf den Telepathie-Einwand antworten Spiritisten wie Mattiesen, dass in der experimentellen Telepathie noch nie so reichhaltige und genaue Bildübertragungen festgestellt worden seien, wie manche Erscheinungsbeschreibungen (und insbesondere bei den noch zu behandelnden Medienkommunikationen in den Séancen) es erfordern würden. Auch würde die Telepathie-Hypothese nicht erklären können, warum wesentlich öfter Verstorbene als Lebende erscheinen; Lebende sollten doch auf telepathischem Wege eine besonders gute Vorlage für die Halluzinationen abgeben können.

b) Erscheinungen treten oft auf, wenn die Erscheinenden im Sterben liegen oder gerade gestorben sind, ohne dass der Perzipient davon wusste. Kritiker des Spiritismus, die aber an Phänomene wie Telepathie, Hellsehen und Präkognition glauben, bezeichnet Mattiesen als Animisten, und diese Animisten vertreten auch bei diesem Argument wieder die Meinung, das Wissen über Sterben und Tod könne telepathisch erlangt worden sein.

c) Mattiesen berichtet von Fällen, bei denen der Verstorbene zu Lebzeiten die Absicht bekundet hatte, seinen Tod durch Erscheinen anzuzeigen, die tatsächliche Erscheinung sollte somit kein reiner Zufall gewesen sein. Kritiker können hierauf natürlich einwenden, dass die Erwartungshaltung des Hinterbliebenen als Auslöser der Halluzination wirkte.

d) Es gibt Wiederholungen der Erscheinung zu bestimmten Zeiten, beispielsweise zum jährlichen Todestag des Verstorbenen. Ebenso gibt es Wiederholungen an denselben Orten, die zumeist in einer Beziehung zum Verstorbenen standen wie beispielsweise sein Sterbezimmer, und die Erscheinungen können bei völlig fremden Personen auftauchen, die nichts von dem Verstorbenen und dem Ort des Sterbens wussten, die dann aber den Verstorbenen sehr genau beschreiben können.

e) Die Erscheinenden verfolgen manchmal einen bestimmten Zweck, zum Beispiel sollen die Hinterbliebenen das versteckte Testament oder verstecktes Geld finden.

f) Die Halluzinationsthese der Kritiker, verbunden mit Telepathie, wirkt sehr gezwungen, wenn mehrere Leute die Erscheinung gleichzeitig sahen und selbst Hund und Katze reagierten, als hätten sie vor etwas Angst gehabt. Kritiker nehmen bei diesen Fällen an, dass eine einzelne Person die Halluzination bei sich hervorgebracht und dann per Telepathie auf die anderen Personen eingewirkt und so die Kollektivität der Halluzination bewirkt hätte (z.B. Baerwald 1925: 137). Dass aber auch Hund und Katze telepathisch vom Menschen angesteckt werden können oder gar als Sender wirken, wäre doch sehr erstaunlich, und insbesondere an dieser Stelle wird klar, dass auch die Hypothesen der Kritiker oftmals post hoc sind und anscheinend nur das wegerklären sollen, was sie unbegreiflich finden. Manche Thesen der Kritiker sind ebenso wenig wissenschaftlich abgesichert wie die Thesen der Spiritisten, wenngleich man natürlich dazu geneigt ist, die weniger erstaunliche These zu bevorzugen.

g) Im dritten Band seines Buches kommt Mattiesen noch einmal auf die Erscheinungen zu sprechen und führt weitere Argumente für ihre Objektivität an; dass sie beispielsweise auftreten innerhalb von physikalisch nachweisbaren Begleitumständen, etwa innerhalb von Spukphänomenen wie den Bewegungen von Objekten, Fortziehen der Bettdecke oder Brandblasen nach Berührung der Erscheinung. Der Kritiker wird hierbei natürlich auf Psychokinese und Psychosomatik der Perzipienten verweisen, was aber in manchen Fällen angesichts ihrer Komplexität etwas gezwungen klingt.

Derartige und weitere Argumente betrachtet Mattiesen als Hinweise auf die Existenz der Verstorbenen, er räumt aber ein, dass seine Argumente keine Beweise seien, da nicht zu widerlegen sei, dass es sich um Halluzinationen handeln könne, bei denen telepathisch erhaltene Informationen mitverarbeitet werden.

Ein Analogie-Argument für das Überleben der Persönlichkeit nach dem körperlichen Tod wird in der schon genannten Arbeit von Hart und Mitarbeitern (1956) angeführt. Es gibt Menschen, die behaupten, willentlich durch ASW-Projektion ihr Erscheinen anderswo herbeiführen zu können; durch willentliche Konzentration, wie es in manchen esoterischen Orden gelehrt wird. Von einer solchen bewusst herbeigeführten Erscheinung berichtete auch einer der bedeutendsten amerikanischen Psychologieprofessoren, William James. James veröffentlichte diesen Fall 1909, während er an der Harvard-Universität lehrte, und er versicherte, dass derjenige, der dieses ausgeführt und ihm erzählt habe, ein fähiger und geachteter Professor an der Harvard-Universität gewesen sei. Der Bericht lautet folgendermaßen:

„"Eines Abends, so gegen Viertel vor oder kurz vor zehn, als ich allein in meinem Zimmer saß und eine Weile über diese Sache nachgedacht hatte, entschloß ich mich zu versuchen, ob ich meinen Astralkörper zu der

Dame A projizieren könnte", schrieb er James. "Ich hatte überhaupt keine Ahnung, wie dieser Prozeß funktionierte, aber ich öffnete einfach mein Fenster, das in die Richtung des Hauses der Dame A zeigte (obwohl das Haus eine halbe Meile entfernt hinter einem Hügel lag), setzte mich in einen Sessel und *versuchte, mich mit aller Macht in die Gegenwart der Dame A zu wünschen* ... In meinem Zimmer brannte kein Licht. Ungefähr zehn Minuten lang saß ich in diesem Zustand des Wünschens da. Während dieser Zeit empfand ich nichts Außergewöhnliches."

Am nächsten Tag besuchte der Professor seine Braut. Sie erzählte ihm sofort, daß sie am voraufgegangenen Abend seine Erscheinung gesehen hatte, während sie zu Abend aß. Sie hatte vom Tisch aufgeblickt und einen Herrn gesehen, der sie durch die halbgeöffnete Eßzimmertür angestarrt hatte. Sie war zur Tür gegangen, um ihn hineinzubitten, aber sie hatte niemanden mehr vorgefunden." (Rogo 1985: 58)

Hart und Mitarbeiter verglichen in ihrer Studie derartig bewusst herbeigeführte Erscheinungen mit den spontanen Erscheinungen von Verstorbenen und kamen zu dem Resultat, dass es zwischen beiden Typen von Erscheinungen keine wesentlichen Unterschiede gäbe. Da aber die bewusst ausgelösten Erscheinungen von einem Lebenden herbeigeführt worden sind und somit diese Erscheinungen das Vehikel von Bewusstsein und absichtlicher Handlung waren, läge die Vermutung nahe – so die Autoren –, dass auch die spontanen Erscheinungen von einer anderen Persönlichkeit als von der des Perzipienten herbeigeführt werden. – Da es jedoch Erscheinungsberichte von allein leblosen Dingen wie Blumen und Häusern gibt, ist auch diese Argumentation nicht zwingend.

Auf Seiten der Kritiker wird nicht nur die unbeweisbare Behauptung, alle Erscheinungen seien lediglich Halluzinationen verbunden mit Telepathie, aufgestellt, sie führen zusätzlich Argumente an, warum die Erscheinungen von Verstorbenen keine lebendigen Geister sein könnten. Erscheinungen wirken oftmals nicht völlig lebendig, ihr Verhalten ist semi-automatenhaft und Baerwald bezeichnet sie als tückisch und albern, und was sie mitteilen, wenn sie auch reden können, ist oft eher bedeutungslos. Warum erzählen sie in der Regel nichts Genaueres vom Leben im Jenseits? Mattiesens Frau erschien nach ihrem Tod Bekannten, ohne dass diese zuvor von ihrem Tod etwas erfahren hatten, und sie waren später erstaunt, als Dr. Mattiesen ihnen erzählte, sie sei zum Zeitpunkt des fraglichen Treffens tot gewesen. Warum hatte aber diese Erscheinung den Bekannten nicht mitgeteilt, dass sie gestorben war? Stattdessen sagte sie nur etwas von Blutung und gab den Perzipienten den Auftrag, jemandem viele herzliche Grüße zu bestellen (Mattiesen 1987 II: 393f).

Wirklich lebendige und bewusste Personen wüssten oftmals Wichtigeres zu sagen, als es bei Erscheinungen allzu oft der Fall ist. Zusätzlich zur Bedeutungslosigkeit des Mitgeteilten wird kritisiert, dass Erscheinungen auch Kleider tragen. Viele Geistergläubige nehmen an, dass Menschen zusätzlich zum materiell-physikalischen Körper eine feinere Leiblichkeit besitzen und dieser Astralleib oder Ätherleib löse sich beim Tode vom physikalischen Körper. Die Erscheinungen tragen jedoch auch Kleider, und die Annahme von Kleidergeistern, Astralkleidern o.ä. mutet recht absurd an.

Mattiesen steht allerdings der Theorie des Astralleibes selbst kritisch gegenüber und bevorzugt die ideoplastische Theorie der Erscheinung (Mattiesen 1987 III: 155ff). Nach dieser Theorie sind materielle Objekte Darstellungen von Ideen oder Vorstellungen, weshalb Lebende und Verstorbene durch ihre Gedanken Erscheinungen mit Kleidern und auch beliebige andere Objekte hervorbringen können. (Für viele Spiritisten sind die Geister der Verstorbenen ebenso lebendig wie die Menschen vor ihrem Tod; um aber diese beiden Gruppen voneinander zu unterscheiden, werde ich im Folgenden oftmals die einen als die Lebenden und die anderen als die Verstorbenen bezeichnen; damit soll aber keine Voreingenommenheit gegen den Standpunkt der Spiritisten ausgedrückt werden.) Die Theorie, dass materielle Objekte Darstellungen von Ideen seien, geht bis auf Platon zurück und lässt sich gut mit dem Computer-Weltbild anschaulich erläutern, denn bei einem Computer werden die Bildschirmabbildungen von der Software hervorgebracht.

Die Vorwürfe der Kritiker, dass die Erscheinungen nur semi-automatenhaftes Verhalten zeigen und dass ihre Mitteilungen oft zu bedeutungslos sind, um als Ausdruck eines lebendigen Geistes gedeutet werden zu können, wird von manchen Autoren, die an die Verursachung durch Verstorbene glauben, akzeptiert. Für sie sind die Erscheinungen nur Hinweise auf das Überleben von *Teilen* der ursprünglichen Persönlichkeit, beispielsweise Hinweise auf das Weiterbestehen von Gedächtnisspuren, die eventuell im Laufe der Jahre immer mehr verfallen können (Hart 1956: 232), worauf ich in Kapitel 6 genauer eingehen werde. Jedoch kann man dieses häufig automatenhaft, unlebendig wirkende Verhalten der Erscheinungen auch damit plausibel machen, dass die überlebende Persönlichkeit nicht in einem vollen Bewusstseinszustand existiert und deshalb Verhaltensweisen zeigt, die mit Schlafwandeln vergleichbar sind.

Ein weiteres Gegenargument der ÜH-Vertreter gegen die Telepathiehypothese der Kritiker ist, dass bei einer Erscheinung eines gerade Sterbenden die Erscheinung, sollte sie durch Telepathie beim Perzipienten hervorgebracht werden, häufiger die Todesangst und die Qual des Sterbens zum Ausdruck bringen sollte – manchmal bemüht sich jedoch die Erscheinung sogar darum, die Hinterbliebenen zu trösten, und macht keinen gequälten Eindruck. Der Kritiker kann hierauf natürlich wiederum erwidern, dass derjenige, der die Halluzination hervorbringt, dadurch seine eigene Todesangst verdrängen wolle.

Zum Abschluss dieses Abschnittes über Erscheinungen sollen noch kurz einige andere Erklärungsversuche dieses Phänomens erwähnt werden. Zunächst muss daran erinnert werden, was bereits in Abschnitt 3.2 über Bewusstseinstheorie geschrieben wurde: Alle unsere bewussten Wahrnehmungserlebnisse sind primär unsere eigene Psyche; in der realen Außenwelt gibt es keine Farben, vielmehr sind die von uns erlebten Farbmuster nur interne Repräsentationen der vermuteten Außenwelt. (Da aber diese psychischen Wahrnehmungsphänomene aller Menschen fast immer zueinander konsistent sind, liegt die Vermutung nahe, dass sie durch von außen auf uns einströmende Informationen ausgelöst werden und dass deshalb diese internen Repräsentationen Realstrukturen widerspiegeln.) Es ist daher auch bei den Erscheinungen sicher, dass die Perzipienten ihr bewusstes Wahrnehmungserlebnis selbst hervorgebracht haben, und die strittige Frage ist lediglich, ob diese Phänomene allein aufgrund interner psychischer Mechanismen hervorgebracht werden (und in diesem Sinne Halluzinationen sind) oder ob sie durch von außen kommende Informationen zustande kommen. Kritiker der ÜH nehmen an, telepathische Informationen, beispielsweise von einem Sterbenden kommend, hätten lediglich eine Auslöserfunktion, so wie Erscheinungen bzw. Halluzinationen auch durch Hypnose bewirkt werden können (wofür Beispiele in Abschnitt 5.4.3 beschrieben werden), wohingegen Spiritisten glauben, dass die Details dieser Wahrnehmungsphänomene hervorgebracht würden durch irgendeinen umfangreicheren Informationsfluss, der von einem Verstorbenen ausgehe, und da unser kognitiver Apparat darauf angelegt ist, aufgenommene Informationen raumzeitlich und in einer Sinnesmodalität darzustellen, würde auch bei solchen Wahrnehmungen die Seinsform der Verstorbenen im Sinne raumzeitlicher Körperlichkeit repräsentiert, was man deshalb eventuell nur symbolisch deuten dürfe.

Neben den zwei gegnerischen Deutungsversuchen mittels Geister von Verstorbenen versus Halluzinationen gibt es auch Theorien, die die Erscheinungserlebnisse auf objektive physikalische Effekte zurückführen. Als Argumente für die Physikalität der Phänomene wird angeführt, dass die Erscheinungen in der Nähe von Lichtquellen manchmal wie normale Körper einen Schatten werfen, dass man manchmal im Spiegel ihr Spiegelbild sehen kann, Hunde bei ihrem Auftreten anfangen zu bellen, dass bei kollektiven Wahrnehmungen jeder Perzipient die Erscheinung so sieht, wie es seiner Perspektive zu entsprechen scheint (der eine sieht sie von vorne, der andere von hinten o.ä.) und dass in Spukhäusern sehr unterschiedliche Personen diese Erfahrungen wiederholt machen können. Irgendeine objektive Informationsaufnahme scheint es deshalb zu geben. Der Philosoph Broad vermutete hierzu, falls es sich hierbei tatsächlich um physikalische Objekte handele, so wären es jedoch wohl keine richtigen Festkörper, sondern wären eher mit optischen Objekten wie etwa dem Regenbogen zu vergleichen (Broad 1962: 236). Einer der Begründer der Society for Psychical Research, der über diesen Phänomenbereich einen Klassiker verfasst hatte und von dem der Ausdruck „Telepathie" stammt, Frederic Myers (1903), war der Meinung, dass die Psyche eines Menschen (auch eines Verstorbenen) durch einen Willensakt einen Ort, der auch weit entfernt von ihm sein könne, physikalisch modifizieren könne, so dass dieser Ort andere Menschen, die sich dem Ort nähern, dazu bringen könne, Erscheinungen zu erleben. Wie dieses „phantasmogenetische Zentrum" physikalisch wirken soll, konnte er jedoch nicht näher angeben (s. Gauld 1983: 250f; Hart 1956).

Mehrere Theorien werden in der Arbeit von Hart und Mitarbeitern besprochen, die als Synthese ihrer Überlegungen eine eigene Theorie vorschlagen. Sie nehmen an, dass Erscheinungen ausgelöst werden durch objektive ätherische Objekte, die in einem psychischen Raum existieren würden, und zwischen diesen ätherischen Objekten und den physikalischen Objekten und Beobachtern gäbe es funktionale Relationen. Derartige Erklärungsversuche sind natürlich noch sehr spekulativ, weshalb hier nicht näher darauf eingegangen werden muss. Nur so viel soll noch erwähnt werden, dass es mehrere Parapsychologen gibt, die beispielsweise das häufige Auftreten von Erscheinungen in Spukhäusern dadurch erklären möchten, dass visuelle bzw. Gedächtnisbilder irgendwie in physikalischen Objekten oder anderweitig gespeichert werden und dadurch Erscheinungen auslösen könnten (s. Roll 1982). Inwieweit physikalische Objekte ein Gedächtnis haben könnten, wird in Kapitel 6 genauer besprochen.

5.2 Sterbebett-Visionen

Während Menschen im Sterben liegen, treten manchmal Erscheinungen auf, die ähnlich denen des vorigen Abschnittes sind, sich aber von diesen durch zwei Besonderheiten unterscheiden: Die Erscheinungen – sehr oft zuvor verstorbene Verwandte – kommen, um den Sterbenden in eine „jenseitige Welt" abzuholen, und es treten nicht nur verstorbene Menschen auf, sondern auch religiöse Figuren. So sehen indische Hindus manchmal die Boten des Todesgottes und amerikanische Christen Jesus oder Maria. Das Auftreten verschiedener religiöser Wesen in verschiedenen Kulturen legt nahe, dass es sich bei den Erscheinungen um symbolische Darstellungen des eigenen Unterbewusstseins handelt, jedoch nehmen manche religiöse Menschen und auch Mitglieder von esoterischen Orden aufgrund ihrer Meditationserfahrungen an, dass es sich um symbolische Darstellungen von wirklich existierenden höheren und physikalisch körperlosen Wesen handele; was natürlich möglich wäre, gäbe es das rein seelische Überleben des körperlichen Todes und somit eine andere Existenzweise.

Eine der ersten veröffentlichten Sammlungen von Sterbebett-Visionen stammt von dem Professor für Physik Sir William Barrett (1926), dessen Frau, eine Ärztin, folgendes Erlebnis mit einer im Sterben liegenden Frau, während der Geburtshilfe, berichtete:

„Plötzlich sah sie aufgeregt in eine Ecke des Zimmers, während ein strahlendes Lächeln ihren Gesichtsausdruck erhellte. »Oh, wie schön, wie schön«, sagte sie. »Was ist schön?« fragte ich sie. »Das, was ich sehe«, erwiderte sie in verhaltenem, leidenschaftlichen Ton. »Was sehen Sie?« »Eine wunderschöne Helligkeit – allerliebste Geschöpfe.« Es ist schwer, den Eindruck der Wirklichkeit zu beschreiben, die bei ihr durch die starke Versenkung in die Vision hervorgerufen wurde. Dann, während sie ihre Aufmerksamkeit noch intensiver einem bestimmten Punkt zuwandte, stieß sie eine Art fast glücklichen Schrei aus und rief: »Wirklich, es ist mein [verstorbener] Vater! Oh, er ist so froh, daß ich komme; er ist so froh. Wie schön wäre es, wenn W. (ihr Mann) auch käme.«

Ihr Säugling wurde gebracht, damit sie ihn sehen konnte. Sie betrachtete ihn aufmerksam und sagte dann: »Glauben Sie, daß ich um des Babys willen bleiben sollte?« Dann wandte sie sich wieder der Vision zu und sagte: »Ich kann nicht, ich kann nicht bleiben; wenn du sehen könntest, was ich mache, würdest du wissen, daß ich nicht bleiben kann.« ...

Aber dann wandte sie sich ihrem Mann zu, der hereingekommen war, und sagte: »Du wirst das Baby niemandem überlassen, der es nicht liebt, nicht wahr?« Dann schob sie ihn sanft beiseite und sagte: »Laß mich das liebliche Licht sehen.« ...

Sie sagte zu ihrem Vater: »Ich komme«, während sie sich gleichzeitig zu mir umwandte, indem sie sprach: »Oh, er ist so nah.« Wieder mit dem Blick auf die gleiche Stelle sagte sie mit einem ziemlich verwunderten Gesichtsausdruck: »Er hat Vida [ihre verstorbene Schwester] bei sich«, und, indem sie sich wieder mir zuwandte, bemerkte sie: »Vida ist bei ihm.« Schließlich sagte sie: »Du möchtest mich wirklich bei dir haben, Vater? Ich komme.«" (zitiert nach Osis, Haraldsson 1978: 25f)

Die folgenden Fallbeispiele, die diesen Phänomenbereich illustrieren sollen, stammen aus einer Untersuchung von Osis und Haraldsson (1978: 55, 80, 111, 178), auf die später detaillierter eingegangen wird. Die Berichterstatter dieser Untersuchung sind in der Regel Ärzte und Krankenschwestern:

a) „Er hatte keine Beruhigungsmittel erhalten, war bei vollem Bewußtsein und hatte nur leichtes Fieber. Er war ein ziemlich religiöser Mensch und glaubte an das Leben nach dem Tod. Wir erwarteten, daß er sterben würde, und das war wohl auch der Fall, da er uns bat, für ihn zu beten. In dem Raum, wo er lag, gab es eine Treppe, die in den zweiten Stock hinaufführte. Plötzlich rief er aus: »Schaut, die Engel kommen die Treppe herunter! Das Glas ist heruntergefallen und zerbrochen!« Wir alle, die sich im Raum befanden, schauten zur Treppe hin, wo auf einer der Stufen ein Trinkglas stand. Während wir noch schauten, sahen wir, wie das Glas ohne jede erkennbare Ursache in tausend Stücke zersprang. Es fiel nicht – es explodierte einfach. Die Engel sahen wir natürlich nicht. Über das Gesicht des Patienten legte sich ein glücklicher und friedlicher Ausdruck, und im nächsten Augenblick starb er. Sogar nach seinem Tod blieb dieser heitere, friedfertige Ausdruck auf seinem Gesicht.“

b) „Ein fünfundsechzig Jahre alter Amerikaner, Krebspatient, schien klar und rational zu denken, aber er »sah die andere Welt«. Er schaute in die Ferne, dann pflegten ihm diese Dinge zu erscheinen, und sie schienen für ihn völlig real zu sein. Er starrte dann gewöhnlich die Wand an, seine Augen und sein Gesicht leuchteten auf, als ob er jemanden sähe. Er erzählte von Licht und von Helligkeit. Er sah Menschen, die für ihn wirklich da zu sein schienen und sagte: »Hallo« und: »Da ist meine Mutter«. Nachdem es vorüber war, machte er mit ausgestreckten Händen Gebärden, schloß die Augen und schien sehr friedvoll zu sein. Vor der

Halluzination war er sehr krank und unleidlich, danach war er heiter und friedlich."

c) „»Dort steht jemand! Er führt einen Karren mit sich, also muß es ein Yamdut [ein Bote des indischen Königs des Todes] sein. Er muß gekommen sein, um jemand zu holen. Er belästigt mich damit, daß er *mich* mitnehmen will! Aber Mama, ich will nicht gehen; ich will bei dir bleiben!« Dann rief er, daß jemand ihn aus dem Bett herauszöge. Er flehte: »Bitte, haltet mich fest, ich will nicht gehen!« Seine Not nahm noch zu, und er starb."

d) „Sie hatte ein Muttergottesbild, das sie anschaute. Sie starrte auf das Bild. Später erzählte sie mir, daß Maria aus dem Bild herausgekommen wäre und zu ihr gesagt hätte: »Hab keine Angst. Ich brauche dich noch nicht. Ich werde später wiederkommen.« Diese Frau hatte ein neugeborenes Baby, für das sie sorgen mußte. Als sie dieses Erlebnis hatte, rechnete sie mit dem Tod. Sie war glücklich, Mutter Maria zu sehen; es war ein so schöner Anblick. Zunächst verband sie dieses Erlebnis mit dem Tod, aber dann fühlte sie sich erleichtert. Ihre Zeit war noch nicht um."

Das letzte Beispiel zeigt, dass die Erscheinungen den Menschen, die sich für todkrank halten, manchmal auch mitteilen, dass sie noch nicht sterben müssten, und nur in seltenen Fällen tritt das, was ihnen so mitgeteilt wird (dass sie noch nicht sterben oder dass sie bald sterben würden) nicht ein. Wie die Fallbeispiele auch zeigen, sieht meist nur der Sterbende die Erscheinung.

Die Erscheinungen zeigen am häufigsten Verstorbene, nur sehr selten Lebende, und besonders interessant sind Fälle, bei denen der Sterbende gar nicht wusste, dass der Erscheinende schon tot war. (Bei meiner Darstellung von Erscheinungen schreibe ich oft so, als wären die Erscheinungen tatsächlich reale Wesen. Diese sprachliche Darstellungsweise soll aber keine Vorentscheidung über ihren wirklichen ontologischen Status sein und wurde nur aus Gründen der einfacheren Ausdrucksform gewählt. Auch verwende ich der Einfachheit halber oft den Ausdruck „Sterbender", um dadurch denjenigen zu kennzeichnen, der die Vision hatte, selbst wenn dieser nur sehr krank war und im Zusammenhang mit der jeweiligen Krankheit nicht starb.) Manchmal wird dem Todkranken von den Verwandten nicht mitgeteilt, dass ein anderer Verwandter oder ein Freund gestorben ist, um ihn nicht zu beunruhigen, und wenn dieser dann in der Vision als schon Verstorbener auftritt, sind die Sterbenden sehr erstaunt. Natürlich führt Mattiesen derartige Fälle als Argumente für den Spiritismus an, denn man sollte vermuten – so Mattiesen –, dass bei reinen Halluzinationen (wie es Gegner des Spiritismus annehmen) nicht vermeintlich

Lebende in einer eingebildeten jenseitigen Welt auftreten. Der Kritiker führt gegen dieses Argument wieder die unbewusste telepathische Wissensvermittlung an; solche telepathischen Erklärungen wirken aber manchmal etwas erzwungen, nämlich wenn nicht nur der Sterbende, sondern auch alle bei ihm Anwesenden nichts von dem Tod des Erschienenen wussten. Auch gibt es am Sterbebett kollektive Erscheinungen, d.h. nicht nur der Sterbende, sondern auch die Besucher sehen die bereits Verstorbenen, so dass der halluzinierende Todkranke per Telepathie die Halluzinationen auch bei seinen Besuchern ausgelöst haben müsste. Erstaunlich sind ferner diejenigen Fälle, bei denen der Sterbende eine genaue Zeit seines Sterbens angibt und dies dann auch so geschieht (s. Mattiesen 1987 I: 82); bei diesen Fällen muss der Kritiker annehmen, dass das Unterbewusstsein des Sterbenden seine Lage sehr gut einschätzen konnte, dass eventuell Präkognition eine Rolle spielte oder dass es zur betreffenden Zeit durch Autosuggestion aufgrund der Erwartungshaltung zum Tod kam.

Für die Gegner der ÜH handelt es sich bei diesen Sterbebett-Visionen lediglich um die dramatische Verbildlichung von Todesfurcht und Wunschdenken. Was allerdings nicht ganz zu dieser Wunschdenkenerklärung passt, ist die Tatsache, dass das Erlebte manchmal nicht den Erwartungen des Sterbenden entspricht; die Verstorbenen sehen nicht wie himmlische Geister aus, sondern wie normale Menschen, und manch ein Atheist, der nie an die Seele und ihr Fortleben glaubte, hatte ebenfalls solche Visionen; nach der Deutung der Kritiker muss sich sein Unterbewusstsein wohl doch danach gesehnt haben (Mattiesen 1987 I: 84f).

Ein weiteres Argument, das Mattiesen für die Echtheit des Erlebten anführt, ist, dass solch eine Sterbebett-Vision auch im Zusammenhang mit anderen Phänomenen, die für das Überleben angeführt werden, stehen kann. In einem späteren Abschnitt werden die Medienkommunikationen in Séancen besprochen, bei denen sich angeblich die Geister Verstorbener über in Trance befindliche Personen äußern, und Mattiesen berichtet einen Fall, bei dem ein Sterbender eine Vision gehabt hatte und später diese inzwischen verstorbene Person zusammen mit dem zuvor Erschienenen in einer Séance als Kommunikator aufgetreten sein sollen. In einem anderen Fall soll der Kommunikator in einer Séance gesagt haben, er werde einem Sterbenden beistehen, und an dessen Sterbebett gab es dann tatsächlich eine entsprechende Vision (ebd. S. 98, 100).

Für die Gegner der ÜH sind Sterbebett-Visionen Halluzinationen, die durch den krankhaften Zustand oder durch Stress ausgelöst werden. Ob jedoch tatsächlich medizinische und psychologische Faktoren wie Stress als Erklärungen ausreichen, wollten Osis und Haraldsson (1978) in einer umfangreichen interkulturellen Studie, von Ende der 50er bis Anfang der 70er Jahre, erforschen. Sie verschickten in den USA an 5000 Ärzte und Krankenschwestern Fragebögen, in denen u.a. nach Halluzinationen von Personen oder Umgebungen gefragt wurde, und 1004 Adressaten sandten einen ausgefüllten Fragebogen zurück. (Ob es sich hierbei nur um „Halluzinationen" handelte oder im Sinne der ÜH-Vertreter um objektive Wahrnehmungen, soll jedoch bei dieser Sprachwahl nicht vorentschieden sein.) In Indien füllte praktisch jedes Mitglied des medizinischen Personals, das sie direkt ansprachen, einen Fragebogen aus, was 704 Fragebögen ergab. In 877 der 1708 Fälle wurde von Halluzinationen berichtet, die mit ausführlichen Interviews genauer erforscht wurden. 591 Fälle waren Patienten mit Halluzinationen (bzw. in anderer Sprachwahl ausgedrückt mit Erscheinungen) von Personen, davon waren 471 Patienten im Endstadion (sie starben kurz darauf) und 120 Patienten waren dem Tod sehr nahe gewesen, starben jedoch nicht. Es gab auch Fälle von Totalhalluzinationen, bei denen die Patienten beispielsweise meinten, in einer anderen Welt gewesen zu sein, worauf ich hier aber nicht näher eingehen werde, da im nächsten Abschnitt Erlebnisse von Menschen besprochen werden, die dem Tode sehr nahe gewesen sind und die glaubten, in einer jenseitigen Welt gewesen zu sein.

Als theoretische Grundlage der Studie formulierten Osis und Haraldsson zwei Modelle, aus denen sie empirische Folgerungen ableiteten, die mit den gewonnenen Daten verglichen wurden. Nach dem Modell „Überleben" ist der Tod nur ein Übergang in eine andere Seinsform und Visionen beruhen auf ASW und werden nicht von gestörten Funktionen des Gehirns verursacht; Visionen sind danach telepathisch empfangene Eindrücke von Besuchern aus einer anderen Welt oder hellseherische Wahrnehmungen dieser Welt. Nach dem Modell „Zerstörung" ist der Tod die endgültige Zerstörung der menschlichen Persönlichkeit und Visionen werden von gestörten Hirnfunktionen verursacht oder sind schizoide Reaktionen, die die starke psychologische Belastung der Patienten erleichtern sollen. Aus diesen beiden Modellen wurden unterschiedliche empirische Vorhersagen abgeleitet: Nach der Zerstörungsthese sollten halluzinogene Faktoren (wie bestimmte Medikamente) die Häufigkeit der Erscheinungen erhöhen, die Inhalte der Visionen sollten keine neuen Kenntnisse widerspiegeln und nur die im Gehirn gespeicherten Erinnerungen ausdrücken. Umgekehrt sollten nach der Überlebensthese halluzinogene Faktoren die Häufigkeit der Erscheinungen nicht erhöhen, vielmehr sollten Umstände, die der ASW abträglich sind, ihre Häufigkeit verringern, und zwei Arten von Visionen könnten auftreten: reine Halluzinationen seien unzusammenhängend, verworren und drücken Belange des Lebens aus (Wünsche, Konflikte, Erinnerungen etc.), echte Wahrnehmungen hingegen würden neues (und teilweise überprüfbares) Wissen ausdrücken und seien auf eine andere Welt gerichtet. Auch sollte nach der Überlebensthese ein klarer, normaler Bewusstseinszustand das Auftreten der Visionen erleichtern, nach dem anderen Modell jedoch ein herabgesetzter, verworrener Bewusstseinszustand.

Was die Resultate der Datenanalyse betrifft, sind die beiden Autoren der Überzeugung, dass ihre Studie die Überlebensthese stütze. So sei die Mehrzahl der Fälle nicht ohne weiteres durch medizinische Faktoren wie hohe Temperatur, halluzinogene Krankheiten, Anwendung von Arzneien, welche Halluzinationen verursachen können wie zum Beispiel Morphium und Demerol, oder durch halluzinogene Bedingungen in der Krankengeschichte des Patienten zu erklären. Patienten mit Störungen der Hirnfunktionen sahen weniger häufig Erscheinungen, die sie in eine andere Welt wegholen wollten. Und ebenso wie die medizinischen würden auch die psychologischen Faktoren die ÜH stützen: Ihre Daten, so schreiben die Autoren, hätten gezeigt, dass Patienten im Endstadium in ihren Visionen nicht diejenigen Menschen sahen, die sie zu sehen gewünscht hatten; auch schienen ihre Visionen nicht in einer direkten Beziehung zu irgendwelchen Anzeichen von Stress, zu ihren Stimmungen und Sorgen zu stehen. Zudem stellten sie fest, dass Visionen auf dem Sterbebett auch bei denjenigen auftraten, die nicht ans Sterben dachten, sondern an eine Genesung glaubten. Interessant zu erwähnen ist auch, dass 12 „registrierte Ungläubige" – Personen, die an keine Religion und nicht an das Überleben des Todes glaubten – Visionen hatten: Erscheinungen von Lebenden, Verstorbenen und einmal von einer religiösen Figur.

Die obigen Schlussfolgerungen galten sowohl für die in den USA als auch für die in Indien gesammelten Fälle, diese interkulturelle Studie zeigte aber auch Unterschiede zwischen beiden Ländern. Die Amerikaner hatten fünfmal so viele Halluzinationen von Verstorbenen als von religiösen Figuren (66% vs. 12%), wohingegen die Inder religiöse Figuren viel öfter als Verstorbene sahen (28% vs. 48%). Nationalität und Kultur bestimmten zwar nicht die Häufigkeit von jenseitsbezogenen Erscheinungen, aber die Art der Erscheinung. Christlich getaufte Patienten in Indien erlebten ebenfalls in geringerem Maße Erscheinungen von Verstorbenen als von religiösen Figuren, was nach den Autoren dafür spreche, dass die Wurzel des Unterschiedes eher in der Nationalität als in der Religion lag. An dieser Stelle können natürlich die Kritiker der ÜH darauf hinweisen, dass die kulturellen Unterschiede dafür sprechen, dass die Erscheinungen nicht von Wesen einer anderen Welt ausgelöst würden, sondern vollständig selbstfabriziert seien, denn warum sollten sich wirklich existierende religiöse Figuren in Indien häufiger um die Sterbenden kümmern als in Amerika? Außerdem traten in Indien andere religiöse Wesen auf als in den USA (Krischna, Rama u.ä. versus Jesus, Maria u.ä.), was durch die Behauptung der unterschiedlichen „symbolischen Einkleidung" von ansonsten objektiven Informationen über angeblich höhere Wesen in Einklang mit der ÜH gebracht werden kann. Dafür kann angeführt werden, dass das Vorkommen von symbolischen Darstellungen aus Trauminhalten und Meditationserlebnissen als gesichert gelten kann. Auch könnten es lediglich unterschiedliche rationale Interpretationen (basierend auf dem jeweiligen religiösen Glauben) von ansonsten gleichen Erlebnissen sein. Ein weiterer kultureller Unterschied war, dass in Indien die Patienten häufiger von *älteren* Verstorbenen abgeholt wurden, was den größeren Respekt oder sogar die Verehrung älterer Menschen in Indien widerspiegelt.

Abschließend muss darauf hingewiesen werden, dass derartige Studien wie die von Osis und Haraldsson von ihrer Natur her sehr komplex und fehleranfällig sind. In die Datenanalyse und Dateninterpretation können auf vielfältige Weise subjektive Vorentscheidungen eingehen, weshalb es nötig sein wird, solche Studien zu wiederholen und zwar auch von Autoren, die der ÜH von vornherein skeptischer gegenüberstehen als die Autoren der hier vorgestellten Studie. Auf psychologische und physiologische Alternativerklärungen der Kritiker wird im Zusammenhang mit den als Nächstes zu besprechenden Nahtoderlebnissen am Ende des nächsten Abschnittes genauer eingegangen.

5.3 Nahtoderlebnisse

Ein Phänomenbereich, der erst seit wenigen Jahrzehnten systematisch erforscht wird, sind die Erlebnisse von Menschen in Todesnähe, d.h. von Menschen, die von ihren Ärzten als klinisch tot eingestuft worden sind, von Menschen in Koma, aber auch bei Unfällen oder auf dem Operationstisch. (Abkürzend werde ich diesen Phänomenbereich oftmals kennzeichnen als Erlebnisse von klinisch Toten, auch wenn viele andere Personen derartige Erlebnisse ebenfalls haben.) Obwohl es schon zuvor Veröffentlichungen hierüber gab (z. B. Heim 1892), war der Auslöser für systematische wissenschaftliche Untersuchungen von Nahtoderlebnissen das Buch *Leben nach dem Tod* von Raymond Moody (1977). Als eine idealtypische Beschreibung der Nahtoderlebnisse (NTE) gibt Moody folgende zusammenfassende Darstellung (ebd. S. 25f):

„Ein Mensch liegt im Sterben. Während seine körperliche Bedrängnis sich ihrem Höhepunkt nähert, hört er, wie der Arzt ihn für tot erklärt. Mit einemmal nimmt er ein unangenehmes Geräusch wahr, ein durchdringendes Läuten oder Brummen, und zugleich hat er das Gefühl, daß er sich sehr rasch durch einen langen, dunklen Tunnel bewegt. Danach befindet er sich plötzlich außerhalb seines Körpers, jedoch in derselben Umgebung wie zuvor. Als ob er ein Beobachter wäre, blickt er nun aus einiger Entfernung auf seinen eigenen Körper. In seinen Gefühlen zutiefst aufgewühlt, wohnt er von diesem seltsamen Beobachtungsposten aus den Wiederbelebungsversuchen bei.

Nach einiger Zeit fängt er sich und beginnt, sich immer mehr an seinen merkwürdigen Zustand zu gewöhnen. Wie er entdeckt, besitzt er noch immer einen «Körper», der sich jedoch sowohl seiner Beschaffenheit als auch seinen Fähigkeiten nach wesentlich von dem physischen Körper, den er zurückgelassen hat, unterscheidet. Bald kommt es zu neuen Ereignissen. Andere Wesen nähern sich dem Sterbenden, um ihn zu begrüßen und ihm zu helfen. Er erblickt die Geistwesen bereits verstorbener Verwandter und Freunde, und ein Liebe und Wärme ausstrahlendes Wesen, wie er es noch nie gesehen hat, ein Lichtwesen, erscheint vor ihm. Dieses Wesen richtet – ohne Worte zu gebrauchen – eine Frage an ihn, die ihn dazu bewegen soll, sein Leben als Ganzes zu bewerten. Es hilft ihm dabei, indem es das Panorama der wichtigsten Stationen seines Lebens in einer blitzschnellen Rückschau an ihm vorüberziehen läßt. Einmal erscheint es

dem Sterbenden, als ob er sich einer Art Schranke oder Grenze näherte, die offenbar die Scheidelinie zwischen dem irdischen und dem folgenden Leben darstellt. Doch wird ihm klar, daß er zur Erde zurückkehren muß, da der Zeitpunkt seines Todes noch nicht gekommen ist. Er sträubt sich dagegen, denn seine Erfahrungen mit dem jenseitigen Leben haben ihn so sehr gefangengenommen, daß er nun nicht mehr umkehren möchte. Er ist von überwältigenden Gefühlen der Freude, der Liebe und des Friedens erfüllt. Trotz seines inneren Widerstandes – und ohne zu wissen, wie – vereinigt er sich dennoch wieder mit seinem physischen Körper und lebt weiter.«

Diese Darstellung soll nicht das Erlebnis einer bestimmten Person wiedergeben, sondern ist eine Abstraktion, eine »Modellerfahrung«, die sich aus einzelnen Elementen zusammensetzt, die bei derartigen Erlebnissen auftreten können. Solche Elemente eines NTE seien laut Moody folgende: teilweise Unbeschreibbarkeit des Erlebnisses; das Hören der Todesnachricht; Gefühle von Frieden und Ruhe; ein besonderes Geräusch; ein dunkler Tunnel, durch den man sich bewegt; Verlassen des Leibes; Begegnung mit anderen; Kommunikation mit einem Lichtwesen; Rückschau über das eigene Leben; Auftreffen auf eine Schranke oder Grenze; Rückkehr in seinen Leib. Als Erläuterung dieser Elemente des NTE fügte der Philosoph und Psychiater Moody hinzu, dass es keine zwei Berichte gäbe, die vollkommen miteinander identisch seien, dass er keinem Menschen begegnet sei, der alle Elemente der idealtypischen Beschreibung erwähnt hätte, kein Element tauche in allen Zeugnissen auf, aber kein Element wurde nur in einem der ihm bekannten Berichte erwähnt, ihre Reihenfolge variiere, und wie weit ein Sterbender in das vollständige Erlebnis hineingerate, scheine davon abzuhängen, ob der klinische Tod (welcher ein Zustand ist, bei dem es keine äußeren Lebenszeichen wie Reflexe, Atmung und Herztätigkeit mehr gibt) tatsächlich erkennbar eingetreten sei, und wenn ja, wie viel Zeit er in diesem Zustand war. Es gibt auch Menschen, die für klinisch tot erklärt worden waren, die aber anschließend kein solches Erlebnis berichteten.

Nach der Veröffentlichung von Moodys Buch führte Kenneth Ring (1982, 1986) als einer der Ersten wissenschaftliche Untersuchungen über NTE durch, und die folgenden illustrierenden Fallbeispiele entnehme ich seinen Untersuchungen (Ring 1986: 33f, 55f, 52ff). Der erste Bericht stammt von einem Agnostiker, der Professor für Anthropologie war und einen Autounfall gehabt hatte, bei dem er ungefähr 15 Meter weit aus seinem Auto geschleudert wurde, so dass er im Krankenhaus im Koma lag. Der zweite Bericht stammt von einer Frau, die ebenfalls einen Autounfall gehabt und im Koma gelegen hatte, und der dritte Bericht ist von einem Mann, dessen Lastwagen bei einer Reparatur von den Stützen glitt, so dass dieser auf ihn rutschte und seinen Brustkorb zerquetschte, woran er fast erstickte:

a) „Alles schien mehr oder weniger nacheinander abzulaufen – ich sage mehr oder weniger, weil die Zeit irgendwie aufgehört zu haben schien. Als erstes bemerkte ich, daß ich tot war, und ... zwar ungefähr auf die Weise, wie man in Fernsehfilmen tot ist, wenn der Sheriff sagt «Okay, das war`s» [Konnten Sie Ihren Körper sehen?] Oh ja, ganz deutlich. Ich schwebte über dem Körper in der Luft ... und sah von oben auf ihn hinunter. Dabei war ich kein bißchen bestürzt darüber. Ich war richtiggehend tot, aber es störte mich nicht im geringsten.

Danach stellte ich fest, daß ich ganz leicht fliegen konnte, selbst wenn ich es gar nicht vorhatte ... und entdeckte, daß ich nicht nur dahinschwebte, befreit von den Gesetzen der Schwerkraft, sondern daß auch sämtliche anderen Einschränkungen des Fliegens fehlten ... Es war also nicht so, wie man mit dem Flugzeug fliegt, vielleicht erinnerte es am ehesten an einen Segelflug ... Ich merkte also, daß ich mit ungeheurer Geschwindigkeit fliegen konnte. Es machte mir großen Spaß und vermittelte mir ein Gefühl, als gäbe es nichts anderes, als gäbe es nichts als diese totale Vollkommenheit des Fliegens.

... Dann tauchte vor mir etwas Dunkles auf, und als ich näher kam, sah es wie eine Art Tunnel aus, und ohne weiter nachzudenken, flog ich direkt darauf zu und hinein, und nun war das Fliegen sogar noch schöner ...

Nach relativ kurzer Zeit – wie mir jetzt vorkommt, obwohl die Zeit wieder aufgehoben war – nahm ich sehr weit entfernt eine Art runden Lichtkreis wahr, den ich für das Ende des Tunnels hielt, durch den ich raste ... und das Licht – am ehesten läßt es sich mit einem herrlichen Sonnenuntergang vergleichen, den man betrachten kann, ohne geblendet zu werden ...

Es sah aus wie ein unglaublich hell erleuchteter Raum – im wahrsten Sinne des Wortes – es war nicht etwa nur ungeheuer hell ... phantastisch schön, orange-gelb, sondern eben wie ein herrlicher Ort, an dem man gern bleiben möchte. Dadurch wurde das Gefühl der Freude, das mich schon während des ganzen Flugs erfüllt hatte, noch stärker. Und dann war der Tunnel plötzlich zu Ende – und schlagartig befand ich mich in einer völlig anderen Umgebung, alles schien gleichmäßig hell, durchflutet von diesem Licht, und ... da gab es auch noch andere Dinge ... eine Reihe

Leute ... ich sah dort meinen Vater, der seit fünfundzwanzig Jahren tot war ...

Ich spürte und sah, daß alle ein tiefes gegenseitiges Mitgefühl verband ... es kam mir so vor, als sei Liebe das Axiom, dem alle vorbehaltlos folgten. Es war ein phänomenales Gefühl für mich, genauso wie das Gefühl von Freiheit, das mich vorher beim Fliegen erfaßt hatte, es war, als ... gäbe es nichts außer Liebe ... einfach einmalig, dieses Gefühl totaler Liebe.

Später spürte ich wegen meiner Kinder und meiner Frau den Wunsch zurückzukehren ... aber ich erinnere mich nicht mehr, wie ich zurückgekommen bin ...

[War es wie ein Traum?] Nein, es war überhaupt nicht wie ein Traum ... Wirklich ein sehr merkwürdiges Gefühl, aber man hat den Eindruck, sich in einer Art Ewigkeit zu befinden."

b) „Ich stand ganz allein vor dieser riesigen – es war wie eine goldene Sonne. [Hat es Ihren Augen weh getan, sie anzuschauen?] Nein! Es war hell. Es war derart hell und strahlend, daß ich mir die Netzhaut verbrannt hätte, wenn es so etwas wie die Sonne gewesen wäre und ich direkt hineingesehen hätte. Ich wäre blind geworden. Aber, nein. Es tat überhaupt nicht weh. [Was haben Sie gefühlt angesichts dieses Lichts?] Frieden. Heimkehr. Es ist komisch, aber ich habe es noch nie mit Worten auszudrücken versucht. Es war wirklich so, als käme man heim. Es war wunderbar, es war herrlich. Und es war so warm. [Auf was für eine Weise warm?] Auf jede Weise. Ich hatte das Gefühl einer greifbaren Wärme, wie ich sie schon vorher gespürt hatte ... Aber es war noch intensiver. Ich meine, es war nicht direkt heiß; es war nur eine größere Wärme. Diese Wärme war da, und dann war da auch noch eine andere Wärme. Wie – aufgenommen zu werden, richtig aufgenommen zu werden.

Ich wurde gefragt, ob ich bereit sei zu bleiben. [Wer hat Sie das gefragt?] Dieses Licht. [Hatte man bei dem Licht das Gefühl, da sei irgend jemand?] O ja. Und ich muß auch sagen, als ich ... mit dem Licht Kontakt aufnahm, da wurden überhaupt keine Worte gewechselt. Ich meine, es wurde nichts gesprochen. Es ist wie denken, wie wenn man einen Gedanken hat und sofort die Antwort weiß – also Gedankenübertragung. Es passierte alles auf einmal.

Ich wurde gefragt, ob ich bereit sei zu bleiben. Und ich wußte es nicht.
Ich wußte es wirklich nicht. Und man sagte mir, daß ich einen Entschluß
fassen müßte. Daß ich mich entscheiden müßte ...

Später, bevor ich diese Entscheidung traf ... ließ ich mein Leben noch mal
an mir vorüberziehen. [Erzählen Sie davon.] Mein ganzes Leben rollte
vor mir ab – «fft» [sie stößt einen schnellen, zischenden Ton aus], einfach
so. Ja, wie in einem Fünfunddreißig-Millimeter-Film zog, «klick, klick»,
im Bruchteil einer Sekunde alles vorbei. Es war schwarzweiß, und ich sah
alles. Ich sah mein ganzes Leben an mir vorüberziehen. [In einer bestimmten Reihenfolge?] O ja. Alles chronologisch. Alles ganz genau. Es
zog einfach an mir vorbei. Mein ganzes Leben. [Haben Sie die Ereignisse
noch mal erlebt, oder haben Sie sie wie ein Zuschauer betrachtet?] Ich
war, ja, ich war wohl mehr ein Zuschauer ... Gefühle kamen nicht auf.
Ich sah nur zu, und ich sah mein ganzes Leben an mir vorbeiziehen. Und
als mein Leben abgelaufen war – in Schwarzweiß –, «zoooom!», war es
nicht mehr schwarz und weiß, sondern in Farbe, und ich sah Dinge, die
noch gar nicht geschehen waren. Dinge, von denen ich noch nichts wußte,
die aber danach geschehen sind!“

c) „Dann geht es immer schneller und schneller ... Man hat das Gefühl,
sich mindestens mit Lichtgeschwindigkeit fortzubewegen. Vielleicht ist es
ja sogar Lichtgeschwindigkeit oder noch schneller als Lichtgeschwindigkeit. Man merkt, wie schnell man vorankommt und in Hundertstelsekun-
den riesige Entfernungen zurücklegt ... Und dann sieht man allmählich
ganz, ganz weit hinten – wieder über eine unvorstellbar große Entfernung
hinweg – so was wie das Ende des Tunnels. Und alles ist in ein weißes
Licht getaucht ... und die ganze Zeit merkt man, wie schnell alles geht.
Und dieser ganze Vorgang dauert nur ... sagen wir, eine Minute, und ich
muß noch mal betonen, daß man das Gefühl hat, bis in die Unendlichkeit
gereist zu sein, unzählige Meilen zurückgelegt zu haben.

Und dann kommt man zum Ende des Tunnels, und dieses Licht ist nicht
einfach nur Helligkeit am Ende des Tunnels – es ist so unbeschreiblich
hell, dieses Licht. Es ist rein und weiß. Und so hell ...

Und dann ist es direkt vor einem – entschuldigen Sie, bitte [er macht eine
Pause] – dieses herrliche, einfach phantastische, wunderbare, helle, weiße
oder blauweiße Licht [wieder eine Pause]. Es ist unheimlich hell, heller
als Licht, von dem man sofort geblendet würde, aber dieses Licht tut den
Augen überhaupt nicht weh – es ist so hell, so strahlend, so wunderbar –
aber es tut nicht weh. Und dann passieren eine Menge Dinge – in

Millisekunden –, alle mehr oder weniger auf einmal, aber natürlich kann man sie nur nacheinander beschreiben.

Das nächste, was man spürt, ist dieses herrliche, wirklich herrliche Gefühl, das von dem Licht ausgeht – fast wie von einer Person. Aber es ist keine Person, sondern ... eine Art Wesen. Es ist Energie. Es hat keinen Charakter, nicht wie man es bei einem Menschen sagen würde, aber es hat insofern einen Charakter, als es mehr ist als nur eine Sache. Man kommuniziert mit ihm, und man akzeptiert es. Und seine Größe – es ist überall und schließt alles völlig in sich ein ...

Dann nimmt das Licht plötzlich Kontakt auf mit einem ... auf irgendeine telepathische Art, könnte man sagen. Absolut plötzlich, absolut deutlich. Ganz egal, ob es eine andere Sprache ist ... was immer man gedacht hat und sagen wollte, es kommt augenblicklich und absolut klar rüber. Da gibt es keinen Zweifel.

Als erstes wird einem gesagt: «Entspanne dich, alles ist wunderbar, alles ist in Ordnung» ... Man fühlt sich sofort entspannt. Es ist das angenehmste Gefühl, das man sich vorstellen kann. Man hat ein Gefühl von absoluter, reiner Liebe. Es ist das wärmste Gefühl überhaupt. Aber man darf es nicht mit meßbarer Wärme verwechseln, denn mit «Temperatur» oder so hat das nichts zu tun. Was immer man spürt, fühlt sich absolut vollkommen an – und falls es Temperatur ist, dann ist es eine absolut vollkommene Temperatur. Wenn es ein aufregendes oder beruhigendes Gefühl ist, dann ist es absolut vollkommen, das spürt man ganz genau. Es ist *absolut* lebendig und klar.

Dann geschieht es, das Licht kommuniziert mit einem, und zum erstenmal im Leben ... spürt man wahre, reine Liebe. Es läßt sich nicht mit der Liebe einer Frau oder der Liebe zu seinen Kindern vergleichen, auch nicht mit einer intensiven sexuellen Erfahrung, die mancher vielleicht als den schönsten Augenblick in seinem Leben betrachtet – nichts davon läßt sich auch nur im geringsten damit vergleichen. All diese wunderbaren Gefühle zusammen lassen sich nicht mit jenem Gefühl wahrer Liebe vergleichen. Wenn man sich vorstellen könnte, wie wahre Liebe ist, dann müßte es dieses Gefühl sein, das einem dieses strahlende weiße Licht entgegenbringt. ...

Die zweite herrliche Erfahrung ist, daß einem plötzlich klar wird, daß man mit dem absoluten, allumfassenden Wissen in Verbindung steht. Es läßt sich schwer beschreiben ... man denkt eine Frage ... und weiß sofort die Antwort. So einfach ist das. Und es kann jede beliebige Frage sein. Es kann jedes Thema sein. Es kann etwas sein, wovon man überhaupt keine Ahnung hat, das man normalerweise kaum verstehen würde, und das Licht gibt sofort die richtige Antwort und macht, daß man es versteht ...

Ich brauche wohl nicht extra zu betonen, daß mir viele Fragen beantwortet wurden und daß ich viel erfuhr, manches war sehr persönlich, manches hatte mit Religion zu tun ... Eine der Fragen, die mit Religion zu tun hatten, bezog sich auf ein Nachleben, und dies wurde durch mein Erlebnis selbst eindeutig positiv beantwortet ... Es gab absolut keine Frage, die mir das Licht nicht beantwortet hätte. Der Eintritt in dieses Licht – die Atmosphäre, die Energie, diese totale reine Energie, das totale Wissen, diese vollkommene, reine Liebe – das ist das Leben nach dem Tod."

Über die Häufigkeit von NTE sind landesweit Umfragen durchgeführt worden und Kenneth Ring (ebd. S. 28f) berichtet von einer in den USA durchgeführten Gallup-Poll Befragung, nach der 35% aller Personen, die fast tot waren, ein NTE hatten, das wären ca. 5% der amerikanischen erwachsenen Bevölkerung und damit ca. acht Millionen Menschen.

Um nun detaillierter zu einer umfangreichen Untersuchung von Ring (1982) zu kommen: In Zusammenarbeit mit mehreren amerikanischen Krankenhäusern interviewte der Psychologe Ring 102 Patienten, die dem Tode sehr nahe gekommen waren, die beispielsweise von ihren Ärzten zeitweise als klinisch tot beurteilt worden waren oder die einen schweren Unfall gehabt hatten, und 48% (49 Patienten) berichteten Erlebnisse, die dem von Moody beschriebenen idealtypischen NTE zumindest teilweise ähnelten. Rings Beschreibung der NTE weicht jedoch in kleineren Details von Moodys Bericht ab. So berichteten viele von Rings Patienten statt von einem dunklen Tunnel, durch den sie geflogen seien, von einer Dunkelheit, in die sie eingedrungen seien, oder statt ein Lichtwesen, von dem kein Patient der Ring-Untersuchung von 1982 berichtete, sahen sie oft nur Licht und verspürten irgendeine Kommunikation. Auch spricht Ring nicht so sehr von *Elementen* der NTE, sondern von *Stufen*, und man dringe umso tiefer in das Phänomen ein (von einfacher außerkörperlicher Erfahrung mit Anblick des eigenen Körpers bis zur Wahrnehmung einer jenseitigen Welt), je näher man sich dem Tode befinde und je länger dieser Zustand andauere. Ring analysierte seine Daten nach verschiedenen Gesichtspunkten und eines seiner Ergebnisse war, dass die Auftretenswahrscheinlichkeit dessen, was er als die Kern-Erfahrung des NTE bezeichnet, in keiner signifikanten Beziehung steht zu standarddemographischen Maßen wie Alter und Religionszugehörigkeit.

Interessant zu erwähnen ist, dass nur selten sehr negative Erlebnisse wie die, in der Hölle gewesen zu sein, berichtet werden – weder in Moodys noch in Rings Untersuchungen trat ein solcher Fall auf, jedoch berichten Osis und Haraldsson (1978) in der Studie, die im vorigen Abschnitt vorgestellt wurde, von einem solchen Fall, und in einer anderen Veröffentlichung (Grof, Halifax 1980: 170f) wird der Schauspieler Curd Jürgens zitiert, der detailliert ein Höllenerlebnis berichtete, das er während einer Operation in den USA hatte:

„Ein feuriger Regen fiel hernieder, aber obwohl die Tropfen von gewaltiger Größe waren, berührten sie mich nicht. Sie zersprangen unter mir, und drohende Flammen züngelten aus ihnen empor. Nicht länger konnte ich mich vor der furchtbaren Wahrheit verschließen: Die Gesichter, die diese brennende Welt beherrschten, gehörten zweifellos den Verdammten. Ich fühlte mich verzweifelt und auf eine unaussprechlich schreckliche Weise einsam und verlassen. Die Empfindungen des Entsetzens schnürten mir den Hals zu, und ich hatte den Eindruck, ersticken zu müssen.

Offensichtlich befand ich mich in der Hölle, und die glühenden Feuerzungen konnten mich jeden Augenblick erreichen.“

Derartig negative Erlebnisberichte sind selten, jedoch gab es in der Ring-Untersuchung Patienten, welche angaben, dass sie einige Erlebnisse vergessen hätten – dass sie beispielsweise vergessen hätten, was ihnen zuvor in der „jenseitigen Welt" mitgeteilt worden sei. Deshalb ist es denkbar, dass sehr negative Erlebnisse leichter vergessen werden, so wie man sich auch an die meisten nächtlichen Traumerlebnisse am nächsten Morgen nicht erinnert, so dass es häufiger Höllenerlebnisse geben könnte, als in der Literatur berichtet wird. Auch ist es möglich, dass Personen mit Höllenerlebnissen seltener ins irdische Leben zurückkehren.

Personen, die an die ÜH glauben, berufen sich natürlich gern auf die hier beschriebenen NTE, und beispielsweise Cook, Greyson und Stevenson (1998) präzisieren ihren Standpunkt dahingehend, dass insbesondere drei Eigenschaften von NTE als Stützung der ÜH aufgefasst werden könnten: die erhöhte bzw. klarere und verbesserte geistige Aktivität, die die Patienten während ihres NTE gehabt haben sollen, was gegen den Vergleich mit einem Traum spreche; das Sehen des eigenen Körpers aus unterschiedlichen Raumperspektiven während der außerkörperlichen Erfahrung; und außersinnliche Erfahrungen (ASW), die die Autoren in ihrem Aufsatz berichten. Die drei Autoren heben außerdem hervor, dass NTE auch spontan auftreten können, wenn die Personen nicht schwer krank sind oder wenn sie sogar ziemlich gesund sind. Kritiker der ÜH werden aber natürlich keines dieser Argumente als Beweis akzeptieren, und auf Kritiken und alternative Erklärungen soll nun abschließend eingegangen werden.

Zunächst muss hervorgehoben werden, dass bei derartig subjektiv erlebten „Erfahrungen" Betrug besonders leicht möglich ist. Berichte über eine erlebte jenseitige Welt lassen sich nicht überprüfen, so dass besonders bei derartigen Berichten Skepsis angebracht ist, die einige und eventuell besonders eigenartige Lehren bestimmter Religionen auffallend drastisch bestätigen. Skepsis ist insbesondere dann angebracht, wenn es bei der Datenerhebung zu Unregelmäßigkeiten gekommen ist, und auch in den zitierten Untersuchungen von Ring gibt es einige bedenkliche Stellen (auf einige methodische Schwächen weist Ring selbst hin). Hier muss daran erinnert werden, dass religiöse Fanatiker sich noch ganz anderer Mittel bedienen, als es die reine Verlogenheit ist.

In der schon behandelten Untersuchung der Sterbebett-Visionen von Osis und Haraldsson (1978) traten nicht nur Erscheinungen von Personen auf, es gab auch Totalhalluzinationen von Umgebungen wie bei den NTE (aber ohne dem ganzen Muster von NTE zu folgen), und solche Visionen traten auf, wenn die Patienten bei Bewusstsein waren. Ihre Untersuchungen enthielten 112 Fälle, in denen ganze Umgebungen erlebt wurden; zum geringeren Teil Erlebnisse von Örtlichkeiten aus unserer irdischen Welt, meistens paradiesische Gärten, Visionen vom Himmel, Himmelspforten und Szenen von großer Schönheit und des Friedens. Jedoch berichteten häufiger Patienten mit gestörten Hirnfunktionen von diesen „Szenen von großer Schönheit und des Friedens", was innerhalb der von Osis und Haraldsson aufgestellten Denkmodelle eher für das Zerstörungs-Modell spricht. Aber sie hatten nur 10 solcher Patienten mit gestörten Hirnfunktionen und diese Stichprobe sei zu klein, um gesicherte Schlussfolgerungen zu ziehen. Ebenfalls für das Zerstörungsmodell sprach, dass die Klarheit des Bewusstseins der Patienten während Visionen von Umgebungen drastisch reduziert war, was bei den Erscheinungen von Personen nicht der Fall war. Abgesehen von diesen beiden Punkten der gestörten Hirnfunktionen und des getrübten Bewusstseins hatten nach Ansicht der Autoren keine weiteren medizinischen Bedingungen und psychologischen Faktoren wie Angst, Unruhe und Depressionen einen Einfluss auf das Vorkommen der jenseitigen Visionen.

Kritiker der ÜH führen zahlreiche psychologische und naturwissenschaftliche Erklärungen für NTE und Sterbebett-Visionen an. In einem Übersichtsartikel behandelt der ÜH-Skeptiker Hövelmann (1985) diese alternativen Theorien, aber schon Moody (1977) und Ring (1982) versuchten, vielen Kritiken und Alternativtheorien zu begegnen, und hauptsächlich auf diese drei Arbeiten beziehe ich mich im Folgenden, werde aber in einigen Fällen auch die Originalpublikationen zitieren.

Als einen der schärfsten Einwände gegen die Überlebenserklärung der NTE betrachtet es Hövelmann, dass diese Patienten nicht tot waren, ansonsten hätten sie nämlich ihre Berichte nicht erzählen können. Dabei setzt Hövelmann jedoch voraus, was gerade zur Debatte steht – nämlich die Natur des Todes. Während Vertreter der ÜH annehmen können, die Loslösung der Seele vom Körper und der (kurzzeitige) Besuch des Jenseits sei bereits ein (kurzzeitiges) Todeserlebnis, definieren Gegner der ÜH den Tod meist so, dass erst der unwiderrufliche Funktionsverlust des Körpers den Tod bedeute. Aber als Vertreter der ÜH muss man gar nicht behaupten, dass Personen, die im Koma liegen oder sogar als klinisch tot bezeichnet werden, wirklich tot seien, denn trotzdem könnten die Phänomene der NTE einen Hinweis auf das Überleben geben, weil schon vor dem Tod des Körpers – sozusagen an der Schwelle des körperlichen Todes – die Seele ihren eventuellen neuen Zustand begonnen haben könnte.

Schon auf rein *psychologischer Ebene* gibt es Ansätze, NTE anders als im Sinne der ÜH zu erklären. Viele Autoren betrachten die Phänomene der NTE und der Sterbebett-Visionen als Halluzinationen, die durch die enorm stressreiche Sterbenssituation ausgelöst würden; es handele sich um Abwehrmechanismen, um die große Angst vor dem Tod zu reduzieren. Wie erfindungsreich das Unterbewusstsein ist, machen schließlich die nächtlichen Träume deutlich. Die Visionen von schönen Landschaften und paradiesischen Gärten würden durch Wunschdenken und bei religiösen Patienten auch durch ihre Erwartungshaltungen in Bezug auf die Zeit nach dem Sterben entstehen. Von Moody und Ring wird hierauf erwidert, dass die große Ähnlichkeit der verschiedenen Schilderungen untereinander, und dass dasjenige, was von den meisten berichtet wird, nicht mit dem identisch sei, was in unserer Kultur gewöhnlich über das Los der Toten geglaubt wird, dagegen spreche, dass es sich nur um Wunschdenken und Erwartungshaltungen handele. Viele Patienten haben in ihren Berichten betont, ihre Visionen würden nicht dem entsprechen, was sie aufgrund ihres religiösen Unterrichts erwartet hätten; Moody schreibt, keiner seiner Patienten habe sich auf die konventionellen Bilder von Himmel und Hölle bezogen. Auch können Wunschdenken und Erwartungshaltungen allein nicht erklären, warum verstorbene Verwandte gesehen werden, die der Sterbende zuvor für lebend hielt, oder Verwandte, die der Sterbende nie gekannt hatte, und kleine Kinder würden beim Wunschdenken sicherlich am ehesten ihre Eltern in ihren Visionen auftreten lassen. Wunschdenken und Erwartungshaltung seien außerdem bei Unreligiösen unglaubwürdig, auch treten diese Visionen auch bei Patienten auf, die sehr gute medizinische Prognosen haben und die glauben, sie würden wieder gesund werden. Würde die Erwartungshaltung eine Rolle spielen, dann müssten auch diejenigen, die vor ihren Nahtodereignissen mit den Phänomenen der NTE bekannt waren, häufiger Derartiges erleben, aber eher das Gegenteil sei der Fall.

Manche Kritiker der ÜH und Vertreter der psychologischen Hypothese der Abwehrmechanismen vergleichen zusätzlich NTE mit dem klinischen Symptom der Depersonalisation. Das Depersonalisationsphänomen kann auftreten bei extremer Lebensgefahr und wird definiert als veränderte Selbstwahrnehmung, Gefühle der Fremdheit und Unwirklichkeit, Gefühlsverlust, Loslösung u.a. (Noyes et al. 1977). So zitiert Dessoir (1918: 31) eine Patientin, die darüber klagte, dass sie sich selbst nicht mehr kenne: ihre Gedanken seien nicht mehr die ihrigen, ihre Bewegungen würden nicht mehr von ihr ausgeführt, sondern entständen von selbst usw. Die Depersonalisation ist ein Zustand, bei dem alles, was man wahrnimmt, fremd, neu, eher Traum als Wirklichkeit zu sein scheint; auch die Menschen, mit denen man sich unterhält, machen den Eindruck, bloße Maschinen zu sein. Nach Meinung mancher ÜH-Kritiker entständen außerkörperliche Erfahrungen als Depersonalisationsphänomen dadurch, dass angesichts des bevorstehenden Todes das eigene Selbst als vom Körper getrennt halluziniert würde, damit nur noch befürchtet werden müsse, dass der Körper und nicht das eigene Selbst sterben würde. Ring erwidert hierauf – und das wird auch von Vertretern dieser These eingestanden –, dass die klassischen Beschreibungen von Depersonalisation in vielerlei Hinsicht von den NTE abweichen (wie etwa durch das Auftreten der verstorbenen Verwandten). Normalerweise gibt es auch beim Depersonalisationsphänomen keine richtige außerkörperliche Erfahrung, so dass es sich bei der herkömmlichen Depersonalisation nur um eine Vorstufe handeln könnte, die sich eventuell bei extremeren Fällen zur außerkörperlichen Erfahrung steigert.

Neben den psychologischen Erklärungsversuchen gibt es pharmakologische, physiologische und neurologische Ansätze. Einige *chemische Substanzen* können Halluzinationen und das Narkosemittel Ketamin beispielsweise das Erlebnis, sich außerhalb des Körpers zu befinden, auslösen. Bei Experimenten mit Drogen wie Marihuana und Meskalin erleben Probanden Halluzinationen, die den Tunnelerlebnissen und anderen Phänomenen der NTE ähneln. Siegel (1977, 1983) glaubt aufgrund dieser Ähnlichkeiten, dass NTE und Sterbebett-Visionen lediglich Halluzinationen seien, aber auf die Argumente der ÜH-Vertreter – beispielsweise auf die Studie von Osis und Haraldsson mit ihren Argumenten für ihr Überlebensmodell – geht er leider nicht näher ein.

Unter LSD können angeblich sogar alle Elemente der NTE auftreten, und manche Personen, die beide Erlebnisformen gehabt hatten, behaupten eine starke Ähnlichkeit von LSD-Halluzinationen mit NTE (s. Grof, Halifax 1980: 218; Grof 1993; Noyes 1972).[2] Von Vertretern der ÜH wird erwidert, dass die Drogeneffekte verschwommen und stärker variabel seien, wohingegen die NTE ein allen Patienten gemeinsames Muster aufweisen würden, das die Patienten in großer Klarheit erleben würden. Unter LSD kann zwar vielleicht jedes NTE-Element auftreten, aber darüber hinaus kann unter LSD jede auch noch so absurde Idee anschaulich erlebt werden, so dass diese Droge kaum eine vergleichende Aussage erlaubt über den Wahrheitsgehalt von anderen Erlebnisformen, insbesondere da die Wirkungsweise von LSD selbst noch ein ungeklärtes Rätsel ist. Außerdem tritt das NTE auch bei Personen auf, bevor sie irgendwelche Medikamente zu sich genommen haben. Jedoch glaubt Grof, der umfangreiche LSD-Experimente sowohl mit Gesunden als auch mit Todkranken durchführte, dass in unserem Unterbewusstsein Informationen über eine scheinbare andere Welt gespeichert seien, die aktiviert würden durch unterschiedliche Faktoren wie chemische Substanzen, Stress und Todesangst (Grof, Halifax 1980: 219). (Diese Theorie kann man sich gut mit dem Computer-Weltbild plausibel machen: Innerhalb einer Computerwelt könnten Programme zur Generierung von jenseitigen Scheinwelten existieren, die durch verschiedene Auslöser aktiv werden.)

Auch ist von Seiten der Kritiker anzuzweifeln, ob das oft vorgebrachte Argument, die NTE würden ein einheitliches *Muster* bilden, wodurch sich NTE von Halluzinationen unterscheiden würden, wirklich der Wahrheit entspricht. Der Eindruck, dass es sich bei den NTE um ein bei allen Personen auftretendes Muster handele, könnte ein Effekt der selektiven Wahrnehmung sein. Wie schon erwähnt wurde, treten manchmal auch Höllenerlebnisse auf, was jedoch bei der idealtypischen Beschreibung des NTE-„Musters" keine Berücksichtigung findet. Der berühmte Psychoanalytiker C. G. Jung (1986: 293f) hatte nach einem Herzinfarkt auch ein NTE (er sah sich hoch oben im Weltraum, betrat dort einen in einen Felsblock gehauenen Tempel und wurde schließlich von einem zu ihm schwebenden Bild seines Arztes zur Erde zurückgeholt), welches aber nicht unbedingt zum üblichen NTE-Muster passt, auch wenn einige Ereignisse erlebt wurden, die zu den Elementen der NTE passen (die Erwartung, Freunde zu sehen und umfangreiches Wissen zu erhalten).

---

[2] Die Bücher von Grof über LSD sind jedoch wissenschaftlich nicht sehr vertrauenswürdig, da oft unklar ist, ob man eine Faktenbeschreibung oder eine (zweifelhafte) Deutung des Autors liest. Seine Bücher werden aber trotzdem von mehreren Autoren zitiert, weshalb auch ich sie hier anführe.

Häufig wird als *physiologische Erklärung* von Kritikern angeführt, die Phänomene entständen durch eine verringerte Sauerstoffzufuhr zum Gehirn (cerebrale Anoxie) bzw. durch die damit im Zusammenhang stehende Anreicherung von Kohlendioxid. Bei Sauerstoffmangel treten in der Regel anfangs Gefühle des Wohlseins auf, später ist zunächst das kritische Urteilsvermögen eingeschränkt, es kommt zu Halluzinationen und schließlich zur Bewusstlosigkeit (Rodin 1980). Da die Sauerstoffversorgung des Gehirns beim klinischen Tod und bei einigen anderen Formen größter Lebensgefahr unterbrochen ist, klingt diese Erklärung für diese Fälle sehr plausibel, aber dadurch ausgelöste Halluzinationen können nicht alle Phänomene erklären (z.B. muss man für das Auftreten von Verstorbenen, die der Patient für lebendig hielt, eventuell eine zusätzliche telepathische Wissensvermittlung annehmen), außerdem sind zahlreiche NTE eingetreten, bevor es zu einer physiologischen Krise der postulierten Art kam, bei den Patienten in der Studie von Osis und Haraldsson traten Totalhalluzinationen auf, selbst wenn die Patienten bei Bewusstsein waren, und wie auch schon erwähnt worden ist, behaupten Cook et al. (1998), dass manchmal selbst Gesunde ähnliche Erlebnisse haben.

Als *neurologische Alternativerklärung* wird darauf verwiesen, dass bei Hirnschädigungen des Temporallappens einige für NTE typische Phänomene auftreten können; zum Beispiel das Ausleibigkeitsphänomen oder die blitzartige Lebensrückschau, was bei epilepsieartigen Aktivitätsmustern von Neuronen im limbischen System auftreten kann. Endorphine und andere Hirnpeptide könnten kurz vor dem NTE durch Stress o.ä. ausgeschüttet werden und dadurch die Symptome auslösen. Als Gegenkritik verweist Ring jedoch darauf, dass es zwischen dem *Limbischen System Syndrom* und den NTE auch viele Unterschiede gibt und dass nicht alle Komponenten des NTE hiermit erklärt werden können (ähnlich argumentiert Rodin 1989). So räumt auch Carr (1982) ein, dass zusätzliche Hirnmechanismen wie etwa Sauerstoffmangel als Erklärung von NTE herangezogen werden müssen (vgl. Saavedra-Aguilar, Gómez-Jeria 1989).

Es kann somit festgehalten werden, dass es zur ÜH interessante Alternativerklärungen gibt, dass aber keine rein neurophysiologische Alternativtheorie alle NTE-Phänomene erklären kann. Der Kritiker Hövelmann hebt deshalb hervor, dass die Beweislast bei den Vertretern der ÜH liege, da sie eine neue Entität – die Seele – postulieren. In der Wissenschaft ist es aber auch üblich, sich einem endgültigen Urteil zu enthalten, wenn keine Theorie völlig überzeugen kann, weshalb auch der Glaube an den vollkommenen Tod derzeit als zweifelhaft betrachtet werden muss. Jedoch ist hinzuzufügen, dass, wenn der Kritiker nicht alle Phänomene erklären kann, er darauf verweisen kann, dass auch die Gegenposition – hier die der Vertreter der ÜH – nicht alles erklären kann. So kann darauf verwiesen werden, dass bei den Sterbebett-Visionen Amerikaner religiöse Wesen wie Jesus und Maria, Inder jedoch Krishna und Rama sehen, was allein mit der ÜH nicht zu erklären ist, und dass dieses kulturelle Diskrepanzen sind, die auf die Halluzinationsthese hinweisen. Der Vertreter der ÜH könnte nun – wie schon erwähnt – darauf verweisen, dass symbolische Einkleidungen ein aus Traum, Meditation und autogenem Training bekanntes Phänomen sind, er müsste aber trotzdem zusätzlich zur These vom Überleben annehmen, dass es höhere (religiöse) Wesen gäbe (die man symbolisch wahrnähme), so dass deshalb die Ontologie abermals mit zusätzlichen Entitäten angefüllt werden müsste, was wieder ein Anlass zur Skepsis wäre.

5.4 Medienkundgebungen

5.4.1 Beschreibung der Medienkundgebungen

Bei der folgenden Beschreibung des allgemeinen Ablaufes von Medienkundgebungen beziehe ich mich hauptsächlich auf die Darstellung von Broad (1962): Wenn ein Trance-Medium einem Kunden eine Sitzung gibt, sitzt sie – es ist meistens eine Frau – ruhig in ihrem Stuhl und schließt die Augen. Bald beginnt sie tief zu atmen, stöhnt ein wenig und benimmt sich, als schliefe sie und hätte einen unangenehmen Traum. Nach einiger Zeit wird sie ruhiger und man hört sie manchmal flüstern, als rede sie zu sich selbst. Dann beginnt sie laut zu reden und oftmals mit einer ganz anderen Stimme und mit einem anderen Vokabular, als man es normalerweise von ihr gewohnt ist. Es ist so, als würde eine völlig neue Persönlichkeit ihre Stimmorgane kontrollieren. Die neue Persönlichkeit mag auf diese Weise eine Stunde lang oder länger mit den anwesenden Personen (Sitzer genannt) eine Konversation führen, bis sie eventuell sagt, sie müsse nun aufhören, und nun verläuft der einleitende Vorgang in umgekehrter Reihenfolge, bis das Medium ihre Augen öffnet, mit ihrer normalen Stimme spricht und sich in der Regel an nichts erinnert, was in der Sitzung geschehen ist. Demgegenüber weiß jedoch die Trance-Persönlichkeit oftmals, was die normale Medium-Persönlichkeit außerhalb der Trance denkt und tut.

Die Medium-Kontrolle: Wenn dasselbe Medium zu verschiedenen Gelegenheiten in Trance ist, scheint zumeist dieselbe Trance-Persönlichkeit die Kontrolle über sie zu haben; dieselbe Stimme und Art, dasselbe Vokabular, oftmals mit einem erstaunlich guten Gedächtnis von Sitzungen, die manchmal sehr lange zurückliegen. Diese Trance-Persönlichkeit wird als die »Kontrolle« bezeichnet und diese Kontrolle behauptet oftmals, in der Vergangenheit als Mensch auf der Erde gelebt zu haben, sie erzählt Teile ihrer angeblichen Lebensgeschichte und nennt auch ihren Namen. Kontrollen können behaupten, Kinder zu sein – sie reden dann mit einer kindlichen Stimme und auf eine kindliche Weise –, manchmal behaupten sie auch, Indianer, Araber, Chinesen o.ä. zu sein.

Angebliche Kommunikatoren: Wenige Minuten nach Sitzungsbeginn behauptet die Kontrolle gewöhnlich, in Kommunikation zu stehen mit dem Geist einer verstorbenen Person, der mit einem Sitzer (oft ist nur einer anwesend) verbunden sei. Nun werden Botschaften, Namen und Begebenheiten mitgeteilt, die zu lebenden Personen und zu vergangenen Vorfällen des angeblichen irdischen Lebens der verstorbenen Person, des sogenannten »Kommunikators«, in Beziehung stehen. Die Séance, die Trance-Sitzung, hat nun die äußere Form, dass die Kontrolle als Vermittler zwischen dem Kommunikator – dem angeblich verstorbenen Geist – und dem Sitzer dient: Sitzer und Kommunikator unterhalten sich miteinander, wobei die von der Kontrolle an den Sitzer weitergegebenen Informationen entweder über die Lippen des Mediums geäußert werden oder aber durch automatisches Schreiben der Mediumhand. Beim automatischen Schreiben, das erfolgen kann, während das Medium gleichzeitig über etwas ganz anderes redet, hat das Medium das Gefühl, als würde ihre Hand von allein schreiben, und oftmals ohne den Inhalt des Geschriebenen zu kennen.

Bei einigen Medien kann es zu weiteren und spektakulären Begebenheiten kommen. Die Stimme des Mediums ändert sich abermals und nun ist es weder der Tonfall und die Sprechweise der normalen Wachpersönlichkeit des Mediums noch die Art der Kontrollpersönlichkeit, sondern die einer weiteren Persönlichkeit. Die neue Stimme behauptet, nun *direkt* von dem toten Freund oder dem Verwandten des Sitzers zu stammen und nicht mehr wie zuvor nur indirekt über die Kontrolle die Informationen weiterzugeben. Die neue Stimme beginnt schwerfällig und keuchend, wird im Laufe der Zeit immer besser, und was zuvor eine weibliche Kinderstimme gewesen sein mag, ist plötzlich beispielsweise die Stimme eines älteren Mannes. Das Phänomen der angeblichen direkten Mitteilung eines Verstorbenen, der nun das Gehirn des Mediums benutzt, wird als angebliche Besessenheit des Mediums bezeichnet. Neben der Form der Besessenheits-Trance gibt es auch Medien, die nicht ihre eigene Persönlichkeit während der Trance völlig aufgeben, sondern angeblich über Telepathie mit Geistern, mit der Kontrolle, in Verbindung stehen. Außerdem ist erwähnenswert, dass die auftretenden „Geister" manchmal nicht zu den Sitzern in Beziehung stehen – was einige Sitzer ärgerlich finden, da sie eventuell für die Sitzung Geld bezahlt haben, um etwas über ihre verstorbenen Freunde oder Verwandten zu erfahren –, sondern völlig fremde Persönlichkeiten sein können, die deshalb auch als Eindringlinge (englisch »intrusions« oder »drop-ins«) bezeichnet werden.

Kontrollen und Kommunikatoren zeigen oftmals ein Wissen über vergangene Leben von Verstorbenen und über ihre Handlungen, Gedanken und Emotionen zu Lebzeiten, das zu umfangreich und detailliert ist, um mit bloßem Zufall oder mit herkömmlichen Methoden der Erkenntnisgewinnung erklärt werden zu können. Andererseits sind diese Brocken von korrekter und detaillierter Information meist eingebettet in eine umfangreiche Matrix aus Geschwätz, Vagheit, Irrelevanz, Ignoranz, Anmaßung, Fehlern und gelegentlicher Flunkerei. Wenn man seine Aufmerksamkeit auf die Brocken korrekter Informationen lenkt, hat man manchmal den Eindruck, dass der Geist eines Verstorbenen überlebt hat, richtet man seine Aufmerksamkeit auf die Matrix des sonstigen Geschwätzes, kann man das schwerlich glauben. Die Fehlinformationen und das reine Geschwätz werden von den „Geistern" manchmal dadurch erklärt, dass sie ein schlechtes Gedächtnis hätten, sobald sie das Gehirn eines Lebenden besetzen, und dass sie große Schwierigkeiten hätten, solch ein fremdes Gehirn perfekt zu kontrollieren. So zitiert Mattiesen (1987 II: 258) einen Kommunikator: „Ich habe das Gefühl ..., daß ich während einer Sitzung nicht vollständig bin, – *not complete*, soz. nicht ganz ich selbst –. Ich verfüge nicht über meine ganze Geisteskraft an Gedächtnis und Bewußtsein, und wenn ich in die Geisterwelt zurückkehre, fühle ich mich wie einer, der aus einem teilweisen Schlaf erwacht." Die Gegner der ÜH betrachten dies natürlich als eine reine Ausrede des Unterbewusstseins des Mediums, um zu vertuschen, dass das Gerede unmöglich von einem lebendigen Geist eines Verstorbenen stammen könne.

Zur Illustration der Medienkundgebungen möchte ich nun mehrere Fallberichte ausführlicher zitieren (wobei die Matrix aus Unsinn weggelassen wird). Den ersten Bericht entnehme ich wieder dem Werk von Emil Mattiesen (1987 I: 314f). Hierbei geht es um den Kommunikator „Onkel Jerry" des Physikers Prof. Oliver Lodge, welcher bei dem weltberühmten Medium Frau Piper auftrat:

„Jener Onkel war reichlich 20 Jahre vor Lodges Sitzungen mit Mrs. Piper gestorben. Lodge verschaffte sich von einem überlebenden Zwillingsbruder, Robert, eine goldene Uhr des Verstorbenen, die er noch am selben Tage Mrs. Piper, als sie im Trans lag, einhändigte. Sofort setzten richtige Angaben 'Phinuits' [ihrer Kontrolle] über die Uhr und ihren Besitzer ein, dessen Name, Jerry, genannt wurde und der dann angeblich selber sagte: 'Dies ist meine Uhr, und Robert ist mein Bruder, und ich bin hier. Uncle Jerry, meine Uhr.' Lodge, der diesen Onkel nur 'flüchtig' als alten Mann gekannt hatte, aber von seinen früheren Jahren 'nichts wußte', bat nun zum Besten des Onkels Robert um Angaben 'gleichgültiger Einzelheiten aus ihrer gemeinsamen Jugend', die er diesem übermitteln wolle. Onkel Jerry 'verstand mich sehr gut und ging nun daran, während mehrerer aufeinanderfolgender Sitzungen anscheinend 'Dr. Phinuit' anzuweisen, eine Anzahl geringfügiger Begebenheiten zu erwähnen, an denen sein

Bruder ihn erkennen könnte. Erwähnungen seiner Blindheit, Krankheit und von Haupttatsachen seines Lebens waren verhältnismäßig unbrauchbar von meinem Gesichtspunkt aus; aber gewisse Einzelheiten aus der Knabenzeit, die 2/3 Jahrhunderte zurückreichten, lagen schlechterdings außerhalb meines Wissens. Mein Vater war einer der jüngeren der Familie und kannte jene Brüder nur als Männer.

Onkel Jerry erinnerte sich an Ereignisse wie das Durchschwimmen eines kleinen Flusses, als sie beide noch Knaben waren und fast ertranken; das Töten einer Katze auf dem einen gewissen Smith gehörenden Felde; den Besitz einer kleinen Flinte und einer langen merkwürdigen Haut, ähnlich einer Schlangenhaut, die, wie er glaubte, jetzt im Besitze Onkel Roberts wäre. – Alle diese Aussagen sind mehr oder weniger vollständig bestätigt worden. Aber das Merkwürdige dabei ist, daß sein Zwillingsbruder, von dem ich die Uhr empfangen hatte und mit dem ich somit in einer Art von Verbindung stand, sich nicht auf alle besinnen konnte. Er erinnerte etwas vom Durchschwimmen eines kleinen Flusses, obgleich er selbst dabei nur Zuschauer gewesen war. Er hatte eine deutliche Erinnerung an den Besitz einer Schlangenhaut und die Schachtel, in der sie aufbewahrt wurde, weiß aber nicht, wo sie sich jetzt befindet. Dagegen stellte er durchaus das Töten der Katze in Abrede und konnte sich nicht auf Smith's Feld besinnen. Doch läßt sein Gedächtnis gegenwärtig entschieden nach, und er war daher so freundlich, an einen anderen Bruder, Frank, zu schreiben, der in Cornwall lebt, einen alten Seekapitän ... Das Ergebnis dieser Anfrage war eine siegreiche Verteidigung der Existenz von Smith's Feld als eines gewohnten Spielplatzes in der Nähe ihres ehemaligen Heims in Barking, Essex; auch die Tötung einer Katze durch einen anderen Bruder wurde erinnert, und von der Durchschwimmung eines Flusses nahe einem Mühlgraben wurden genaue Einzelheiten geliefert, nebst der Angabe, daß Frank und Jerry die Helden dieses tollkühnen Streichs gewesen waren ... 'Phinuit' forderte mich auf, die Uhr aus ihrem Behälter zu nehmen und später bei gutem Licht zu untersuchen: ich würde dann nahe dem Griff einige Einkerbungen finden, von denen Jerry sagte, daß er sie mit seinem Messer eingeschnitten habe. Einige schwache Kerben sind dort in der Tat zu sehen. Ich hatte die Uhr nie zuvor aus ihrem Überzug herausgenommen gehabt, da ich darauf bedacht war, sie nicht selbst zu berühren oder von sonst jemandem berühren zu lassen. Auch Mrs. Piper ließ ich nie in ihrem wachen Zustande die Uhr sehen ...' – Übrigens lernte Lodge 30 Jahre später einen Vetter kennen, der, in Südamerika lebend, die Britische Naturforscherversammlung des Jahres 1919 in Bournemouth besuchte und ihm erzählte, daß er zugegen gewesen war, als der blinde Onkel Jerry mit seinem Taschenmesser die Kerben in die goldne Uhr schnitt, um – wie er sagte – sie durch den Tastsinn allein als die seine zu erkennen.“

In dem folgenden zweiten Fall geht es um eine Sitzung, die mit einem anderen weltberühmten Medium, Frau Leonard, abgehalten wurde. Diesen Bericht entnehme ich abermals Mattiesens Werk (ebd. S. 299f), wobei jedoch auch ein scharfsinniger Kritiker der Geisterhypothese, Richard Baerwald (1925: 326f), diesen Fall zitiert und ihn dadurch erklärt, dass alle mitgeteilten Informationen aus dem Unterbewusstsein der Sitzerin Frau Talbot gekommen seien, auch wenn diese sich nicht mehr daran erinnern konnte, und dass das Medium auf telepathische Weise von diesen Gedächtnisinformationen Wissen erhalten habe. Frau Leonards Kontrolle, welche angeblich Kontakt mit dem verstorbenen Herrn Talbot als Kommunikator hatte, hieß Feda:

„Am 19. März 1917 hatte Mrs. Hugh Talbot ihre erste Sitzung mit Mrs. Leonard (ja ihre erste Sitzung überhaupt), und das Medium kannte damals weder ihren Namen, noch ihre Anschrift. Während der Sitzung gab Feda eine 'sehr genaue Beschreibung' der äußeren Erscheinung des verstorbenen Mr. Talbot, der dann selbst (durch Feda) zu sprechen schien und, nach dem Zeugnis der Gattin, 'durch jedes Mittel in seiner Macht mir seine Identität zu beweisen suchte ... Alles, was er sagte (oder richtiger Feda für ihn), war klar und deutlich verständlich. Vergangene Ereignisse, von denen nur er und ich wußten, an sich belanglose Dinge, die aber, wie ich wußte, für ihn besondere persönliche Bedeutung hatten, wurden genau und korrekt beschrieben, und er fragte mich, ob ich sie noch besäße. Auch fragte er mich wiederholt, ob ich glaubte, daß er es selber sei, der spreche, und versicherte, daß der Tod in Wahrheit kein Tod sei, daß das Leben gar nicht so unähnlich diesem Leben fortgehe und er sich keineswegs verändert fühle ... Plötzlich begann Feda die ermüdende Beschreibung eines Buches; sie sagte, es sei in Leder gebunden und dunkel, und suchte mir seine Größe anzuzeigen (8–10x4–5"). 'Es ist nicht gedruckt, ... es hat Schrift innen.' Mrs. Talbot glaubte schließlich auf ein gewisses rotes Buch raten zu müssen, aber ihr Gatte meinte, es sei dunkler. Die langwierige Beschreibung wurde wiederholt und die Aufforderung beigefügt, die 12. oder 13. Seite des Buches aufzuschlagen, wo etwas geschrieben stände, was im Sinne der Unterhaltung bedeutsam würde. Mrs. Talbot, die immerzu ihr 'rotes' Buch im Sinne hatte, dessen Inhalt sie leidlich kannte, das sie aber für unauffindbar halten mußte, konnte sich wenig für alle diese Aufforderungen erwärmen. Der Kommunikator ließ aber nicht nach und gab als weiteres Merkmal an, daß in dem Buch

am Anfang ein 'Sprachen-Diagramm' enthalten sei – der indo-europäischen, arischen, arabischen und semitischen Sprachen, durchsetzt mit Linien, die von einem Mittelpunkt ausgehn, was Feda mit den Händen zeichnete. Auch dies wurde mehrmals eindringlich wiederholt, aber Mrs. Talbot hielt es trotzdem für völligen Unsinn und suchte die Transpersönlichkeit durch unaufrichtige Versprechungen von der Sache abzubringen; doch schloß die Sitzung bald darauf.

Heimgekehrt, ließ sie sich aber doch von ihrer Schwester und ihrer Nichte, denen ihr Bericht Eindruck machte, zu einer nachdrücklichen Suche bestimmen und fand schließlich auf 'dem' Bücherregal im Speisezimmer, ganz hinten auf der obersten Borte, ein oder zwei alte Notizbücher ihres Gatten, 'die mich nie zu öffnen verlangt hatte. Eins, in schäbigem schwarzem Leder [das ich nie aufgeschlagen hatte], entsprach in seiner Größe Fedas Beschreibung, und ich öffnete es zerstreut ... Zu meinem äußersten Staunen fielen meine Augen auf die Worte: Tabelle der semitischen oder syro-arabischen Sprachen, und als ich das Blatt aufschlug, welches zusammengefaltet und eingeklebt war, sah ich auf der andern Seite: 'Allgemeine Tabelle der arischen und indo-europäischen Sprachen' ... [worin auch die von Feda beschriebenen 'Linien' sich fanden!] Ich war so verblüfft, daß ich einige Minuten lang nicht daran dachte, nach dem andern [von Feda bezeichneten] Geschriebenen zu suchen. Als ich dies tat, fand ich es auf S. 13 ...': es war ein Auszug aus einem anonymen Buch v. J. 1881, betitelt *Post mortem'*, der die Empfindungen eines Sterbenden oder eben Gestorbenen in der Ich-Form beschrieb, von dem man also sehr wohl sagen konnte, daß er 'im Sinne der Unterhaltung [durch das Medium] bedeutsam sein würde.'"

Als dritte Illustration soll eine kurze Stelle aus dem wörtlichen Bericht des weltbekannten amerikanischen Psychologen William James (1910: 26f) über Sitzungen mit Frau Pipers Hodgson-Kontrolle zitiert werden. Bei diesem Fall geht es darum, dass Richard Hodgson, der zu Lebzeiten einer der wichtigsten Forscher der amerikanischen Sektion der Society for Psychical Research (SPR) war und insbesondere die Medienkundgebungen von Frau Piper erforschte, nach seinem Tod selbst als angebliche Kontrolle der Frau Piper auftrat. Zum Verständnis des folgenden Zitates ist wichtig zu wissen, dass Hodgsons Gehalt bei der SPR klein war und es oft unregelmäßig bezahlt worden ist, weshalb er manchmal große Geldnöte hatte. Einmal bekam er bei einer solchen Gelegenheit völlig unerwartet eine Geldüberweisung von einem Freund, und in seinem Antwortbrief zitierte er die Geschichte eines hungernden Ehepaares, das laut zu Gott um Essen bat, als gerade ein Atheist an ihrem

Haus vorbeikam und dieses zufällig hörte. In dieser Geschichte stieg der Atheist auf das Dach, warf etwas Brot den Schornstein herunter und hörte, wie das Ehepaar sich bei Gott bedankte. Daraufhin stieg er vom Dach, ging zur Tür und gab sich als der Geber zu erkennen, woraufhin jedoch die alte Frau antwortete: "Well, the Lord sent it, even if the devil brought it." Als nun nach Hodgsons Tod dieser Freund, der das Geld gegeben hatte und von Hodgson den Brief erhalten hatte, eine Sitzung mit Frau Piper hatte, sagte der angebliche Geist von Hodgson plötzlich:

"Do you remember a story I told you and how you laughed, about the man and woman praying.

[Sitzer:] Oh, and the devil was in it. Of course I do.

[Hodgson-Kontrolle:] Yes, the devil, they told him it was the Lord who sent it if the devil brought it. ... About the food that was given to them. ... I want you to know who is speaking."

Es gilt als unwahrscheinlich, dass der lebende Hodgson zu Frau Piper oder zu irgendjemand anderem davon erzählt hatte, und der Sitzer war sich ziemlich sicher, dass niemand außer ihm selbst von der Korrespondenz gewusst hatte, und er betrachtete diesen Vorfall als einen guten Test für Hodgsons Überleben. Kritiker können hiergegen einwenden, dass Frau Piper auf telepathischem Weg Wissen aus dem Gedächtnis des Freundes abgezapft hätte und dieses dann in ihre Hodgson-Fabulierung eingesponnen hätte. Am Ende seines Berichtes über Frau Pipers Hodgson-Kontrolle zieht William James (ebd. S. 120f) folgendes Fazit: *"I myself feel as if an external will to communicate were probably there* ... But if asked whether the will to communicate be Hodgson's, or be some mere spirit-counterfeit of Hodgson, I remain uncertain and await more facts, facts which may not point clearly to a conclusion for fifty or a hundred years."

Zum Schluss dieser Einleitung zu den Medienkundgebungen sollen noch ein paar weitere Eigenarten der Séancen erwähnt werden. Erwähnenswert ist, dass die paranormalen Aussagen oft erst erfolgen, nachdem das Medium zu Beginn der Sitzung einen psychometrischen Gegenstand betastet oder zumindest gesehen hat, also einen Gegenstand, der in Zusammenhang steht mit dem Verstorbenen, über den oder von dem der Sitzer Informationen haben möchte — etwa ein vom Verstorbenen geschriebener Brief, der auch verschlossen sein mag, oder wie im ersten Fallbeispiel eine Uhr. Eine weitere zu erwähnende Eigenart ist die folgende. Wenn das Medium nicht im bewusstlosen Besessenheitszustand, sondern im halbbewussten telepathischen Zustand ist, behauptet sie oft, den Verstorbenen zu sehen oder zu hören, was manchmal die Form von Erscheinungen annehmen kann, wie sie in Kapitel 5.1 beschrieben worden sind. Die Informationen können aber auch in Form von symbolischen Visionen auftreten, die das Medium erst lernen muss zu deuten. Und schließlich soll noch erwähnt werden, dass die Kundgebungen nicht nur durch verbale Äußerungen der Medien oder durch deren automatisches Schreiben erfolgen können, sondern beispielsweise auch durch Tischrücken. Hierbei sitzen mehrere Personen um einen Tisch herum, auf dem ein kleinerer Tisch steht, in dessen einem Fuß ein Bleistift steckt, dessen Spitze nach unten auf einem Stück Papier steht. Die Sitzungsteilnehmer legen einen Finger leicht auf das Tischchen und stellen dem Tischchen Fragen, welches daraufhin sich zu bewegen beginnt und dadurch auf dem Papier etwas schreiben kann. Das Tischchen wird dabei natürlich von den Fingern der Teilnehmer bewegt, dieses erfolgt aber – soweit nicht gemogelt wird – völlig unbewusst.

5.4.2 Argumente der Befürworter der Überlebenshypothese und Erwiderungen der Kritiker

Von denjenigen, die daran glauben, dass in den Séancen tatsächlich die Geister der Verstorbenen auftreten, werden meistens zwei Hauptargumente angeführt (s. Mattiesen 1987; Gauld 1983; Thouless 1984). Manche Sitzer glauben, dass sie wirklich mit ihren verstorbenen Freunden oder Verwandten reden einerseits aufgrund der Informationen, die das Medium äußert, andererseits, und was oft noch beeindruckender ist, wegen der Darstellungsart dieser Informationen – manchmal hat der Sprecher den Sprachstil des Verstorbenen, er benutzt für ihn charakteristische Redewendungen und sogar die Stimme kann so klingen wie die des Verstorbenen. So zitiert Mattiesen (1987 I: 333) einen Sitzer folgendermaßen: „daß, wenn ich von Prof. Sidgwicks Tode nichts gewußt und die Stimme zufällig gehört hätte, ohne sagen zu können, woher sie kam, ich sie wohl ohne Zögern ihm zugeschrieben hätte."

Was das erste Argument, den Informationsinhalt, betrifft, berichten gute Medien Vorfälle aus dem Leben des Verstorbenen, die nur wenige Personen wissen können und das Medium auf normale Erkenntnisweise überhaupt nicht. Die Gegner der ÜH (z.B. Baerwald 1925; Dessoir 1947) erwidern hierauf natürlich wieder, dass das Medium auf telepathische Weise dieses Wissen erwarb, insbesondere dass sie das Gedächtnis der anwesenden Sitzer abschöpfte.

Hierauf wird von Befürwortern der ÜH entgegnet, dass das Medium den Verstorbenen manchmal genau beschreiben konnte, selbst wenn der Sitzer ihn nie gesehen hatte. Manches, was der Sitzer angeblich nicht gewusst hatte, mag er jedoch einmal gewusst haben, hatte es aber vergessen und war weiterhin in seinem Gedächtnis gespeichert (Kryptoamnesie). Es gibt jedoch genügend Fälle, bei denen die Sitzer die Informationen nachweislich nicht hatten wissen können. Auch werden manchmal Sitzungen ohne Sitzer abgehalten, d.h. ohne denjenigen, der zu dem erhofften oder psychometrisch aufgerufenen Kommunikator gehört und der dessen Mitteilungsinhalte telepathisch liefern könnte. Kritiker der ÜH postulieren deshalb, dass das Medium auch das Gedächtnis von Personen abschöpfen könne, die nicht in der Sitzung anwesend sind. Wenn aber die mitgeteilte Information nicht im Gedächtnis einer einzigen Person war, sondern über mehrere nicht anwesende Lebende verstreut, wäre das eine sehr bemerkenswerte Leistung. Diese Deutung nimmt also in ihrer äußersten Prägung „nichts Geringeres an, als eine dauernde telepathische Übertragung alles Erlebens des Einzelnen auf alle Übrigen, oder doch – weniger folgerichtig gefaßt – auf alle Medien" (Mattiesen 1987 I: 352). Diese Deutung fordert somit eine Allwissenheit, von der wir normalerweise nichts merken, und auch die experimentellen Befunde legen in der Regel nicht nahe, dass Telepathie so weitreichend ist, wie es diese Super-ASW-Theorie, wie sie von den Vertretern der ÜH genannt wird (s. Gauld 1983), annimmt. Derartige Annahmen wie das Abschöpfen des Gedächtnisses von mehreren nicht anwesenden Personen haben keine experimentelle Basis – so argumentieren Vertreter der ÜH wie Mattiesen –, seien wissenschaftstheoretisch formuliert post hoc und würden nur behauptet, allein um den Spiritismus zu vermeiden. Vor allem sei das Wissen der Medien wesentlich detaillierter, als man bei herkömmlichen Telepathie-Experimenten nachweisen konnte. Jedoch räumt Gauld (1983: 131) ein, dass es Experimente mit Sensitiven gab, die ein paranormales Wissen belegten, wie es die Super-ASW-Theorie annimmt. Solche Experimente wurden von dem französischen Arzt Osty durchgeführt, der von 1926 bis 1938 Direktor des metapsychischen Instituts in Paris war; aber Gauld steht den wissenschaftlichen Methoden seiner Experimente skeptisch gegenüber. Für Vertreter der ÜH wie Mattiesen ist diese potentielle Allwissenheitsthese zumindest ebenso ungewöhnlich wie die Spiritismusthese, so dass man die Außergewöhnlichkeit der von den Spiritisten vertretenen Überzeugung nicht als Argument gegen sie verwenden könne. Der Spiritismuskritiker Dessoir (1947: 136) gibt gegenüber Mattiesen zu, dass die Annahme vom überlebenden Geist die empirischen Befunde einfacher erklären könne als die Telepathie-Hypothese, aber „Einfachheit beweist noch nicht die Richtigkeit". Darüber hinaus befindet sich der Spiritismus im folgenden Dilemma. Damit eine Medienmitteilung als wahr bestätigt werden kann, muss sie durch lebende

Menschen oder durch Urkunden bestätigt werden können, dann jedoch kann gleichzeitig der Kritiker auf Telepathie oder Hellsehen verweisen. Als Einwand gegen die überragende Bedeutung der Telepathie kann angeführt werden, dass danach zu erwarten wäre, dass wesentlich öfter, als es tatsächlich geschieht, Lebende als Kommunikatoren auftreten müssten, denn die Lebenden (Verwandte, Freunde etc.) könnten dem Medium wesentlich einfacher als Vorlage für ihre Fabulierungen dienen als Verstorbene bzw. deren Bekannten. Es treten jedoch nur selten Lebende als Kommunikatoren in den Séancen auf, was im nächsten Abschnitt genauer behandelt wird. Das Unterbewusstsein des Mediums müsste also so tückisch sein, absichtlich meist Verstorbene zu benutzen, um die Spiritismus-Komödie spielen zu können.

Das Argument, dass die übermittelte Information für das Überleben des Verstorbenen spreche, kann noch verschärft werden dahingehend, dass die Struktur der dargebotenen Informationen für diese These spreche. Das Medium weiß nämlich nicht nur Dinge, die der Verstorbene wusste, vielmehr weiß das Medium diese Dinge auch auf die Art und Weise, wie es beim Verstorbenen der Fall war. So berichtet Mattiesen (ebd. I S. 395f) den Fall, bei dem die Verstorbene zu Lebzeiten geglaubt hatte, sie hätte eine Magenkrankheit, und dies wurde auch in der Sitzung als Todesursache behauptet, in der sie sich kundgab – und zwar obwohl die Sitzerin und ihre Familie wussten, dass sie an einem Herzleiden gestorben war. Die guten Medien wissen aber nicht nur das und auf diejenige Weise, wie es bei den Verstorbenen anzunehmen war, darüber hinaus äußern sie das nicht, was die Verstorbenen nicht wussten. Die geäußerten Mitteilungen passen zum Wissen und Nichtwissen des Verstorbenen, und diese Selektivität der geäußerten Mitteilungen betrachteten auch Driesch (1932: 133) und Broad (1962: 382) als besonders hervorhebenswerte Argumente. Hat das Medium über ein bestimmtes Ereignis auf telepathischem Weg von Lebenden Informationen erhalten, so sollte man annehmen, dass sie auch Dinge zu berichten weiß, die der Verstorbene nicht wusste. Wenn das Medium unbewusst ein selbstfabuliertes Verstorbenendrama spielte, woher wusste sie, was der Verstorbene wusste und was nicht?

Auch nach Mattiesen fallen Umfang und Einzelheiten der Kundgebungen in der Regel deutlich mit den zu vermutenden Erinnerungen des Verstorbenen zusammen (Mattiesen 1987 I: 390), Mattiesen stellt aber fairerweise auch immer wieder die Argumente der Gegenseite ausführlich dar, und so betont er, dass diese Selektivität der Informationen nicht immer voll zutrifft (ebd. S. 399f). Der Kommunikator weiß zuweilen Dinge nicht, die er als der Betreffende wissen müsste, oder er weiß Dinge, die er als solcher nicht wissen dürfte, weil es nach seinem Tod geschah. Den ersten Fall erklären Spiritisten mit dem schlechten Gedächtnis der Geister während der Séance-Situation, den zweiten Fall durch nachträglich erworbenes Wissen durch Telepathie von Lebenden. Die Erklärung des fehlenden Wissens durch das angeblich schlechte Gedächtnis wirkt allerdings manchmal sehr unglaubwürdig, beispielsweise wenn der Kommunikator die Namen von Freunden oder den Titel von Büchern, die er selbst geschrieben hätte, nicht mehr weiß, worauf der Kritiker Baerwald (1925: 334) besonders hinweist.

Wie oben erwähnt wurde, glauben viele Sitzer an die Realität der in den Séancen auftretenden Kommunikatoren, weil diese einerseits verifizierbare Informationen übermitteln und sie andererseits mit den charakterlichen Eigenheiten der Verstorbenen, ihren Humor, ihren Redewendungen, ihrer Gestik etc. auftreten. Das Vorkommen einer als eigenständig erscheinenden Person hält aber selbst der Spiritist Mattiesen für kein überzeugendes Argument für den Spiritismus. Wie sehr der Mensch sich Persönlichkeiten ausdenken und sie spielen kann, zeigen die Traumfiguren. Schwieriger ist es jedoch, Personen nachzuahmen (ihre charakterlichen Eigenheiten, ihre Gestik etc.), die man nie gekannt hat, wie es die guten Medien hinsichtlich von Verstorbenen können. Aus dem Fernsehen und von der Schaubühne kennen wir Menschen, die andere Personen wie etwa bekannte Politiker verblüffend echt nachahmen, aber diese Persönlichkeitsnachahmungen gelingen ihnen nur, weil sie dies zuvor mit Hilfe von Tonband- und Videoaufnahmen oft geübt haben. Zur Erklärung derartiger Medienleistungen muss der Kritiker wieder einmal das unbewusste, aber unbeweisbare telepathische Wissen als Vorlage der Nachahmung bemühen und zusätzlich annehmen, dass die wenigen sehr guten Medien hierzu besonders talentiert seien. Allerdings soll es in der Hypnose möglich sein, jemanden durch die Suggestionen des Hypnotiseurs dazu zu veranlassen, andere Personen und sogar Tiere nachzuahmen. Dass das Unterbewusstsein eine sehr erstaunliche Leistungsfähigkeit besitzt, die sicherlich von manchen Spiritisten unterschätzt wird, ist durch die Hypnose auf vielfältige Weise demonstriert worden, worauf ich im nächsten Abschnitt genauer eingehen werde.

Manche Medien ahmen nicht nur die Redewendungen und Gesten der Verstorbenen nach, sondern auch deren Handschriften, und Mattiesen (ebd. I S. 250f) berichtet von Fällen, bei denen sich das Medium in einer ihr unbekannten Sprache äußerte. Bei der Xenoglossie – dem Reden in einer unbekannten Fremdsprache – muss unterschieden werden zwischen dem rezitativen und dem reagierenden Besitz der Fremdsprache. Im ersten Fall wird nur etwas als eine Art Monolog geäußert, was eventuell durch einen Hellsehakt von einem irgendwo existierenden Text abgelesen wird, im zweiten Fall soll jedoch das Medium mit einem anwesenden Sitzer, der diese Sprache beherrscht, eine völlig normale Konversation führen können. Gauld (1983: 104f) kritisiert die wissenschaftliche Untersuchung einiger dieser Fälle, findet jedoch manche Beispiele der reagierenden Xenoglossie bemerkenswert, wovon ich einen Fall im Rahmen von Hypnose und angeblicher Wiedergeburt in einem späteren Abschnitt zitieren werde. Während nun die rein rezitative Äußerung einer Fremdsprache wieder durch ASW erklärt werden könnte, argumentieren Vertreter der ÜH wie Mattiesen und Gauld in Bezug auf die reagierende Xenoglossie, dass man die korrekte Anwendung einer Fremdsprache in einer richtigen Konversation nicht einfach durch ASW erreichen könne, da hierzu Fähigkeiten nötig seien, die man nur durch praktische Anwendung erlernen könne.

Zusammengefasst habe die Super-ASW-Theorie, die u.a. nach Gaulds Ansicht von Gegnern der ÜH zur Erklärung aller Phänomene vertreten werden müsse, folgende Schwierigkeiten: Sie erkläre nicht die selektive Struktur der übermittelten Informationen (so dass sie genau zu dem Gedächtnis eines Verstorbenen passe), Telepathie allein könne nicht erklären, wie alle diese Informationen zu einer lebendig wirkenden Person integriert werden, und die Darstellungsart (charakterliche Eigenheiten des Verstorbenen, Gestik, Humor etc.) der Kommunikatoren und besondere Fähigkeiten wie die responsive Xenoglossie seien mit dieser Theorie kaum zu erklären (Gauld 1983: 139f).

Während nun Mattiesen die Informationen der Mitteilungen und die reine Personation einer Kontrolle und eines Kommunikators nicht für zwingende spiritistische Argumente hält, betrachtet er als stärkere Argumente die „Argumente aus dem Mehrheitsspiel des Transdramas" und die „Argumente aus der technischen Sonderung der Kommunikatoren" (Mattiesen 1987 II, III: S. XV). Mit dem Mehrheitsspiel des Transdramas meint er, dass Kontrolle und Kommunikator miteinander Unterhaltungen führen können, dass es beispielsweise zwischen beiden zu Meinungsverschiedenheiten kommen kann, und Mattiesen hält es für weniger wahrscheinlich, dass dieses ein reines Komödienspiel des Mediums mit sich selbst sei. Eine derartige feinberechnete Schauspielerei sei unwahrscheinlich, ein strenger spiritistischer Beweis sei aber auch dies nicht. Mit der technischen Sonderung der Kommunikatoren meint Mattiesen, dass die Kundgebungen nie glatt verlaufen, dass die Kommunikatoren hierzu Fähigkeiten und Geschicklichkeiten benötigen, die sie manchmal erst erwerben müssen, weshalb beispielsweise die Kontrolle den Kommunikator bittet, langsamer zu sprechen, oder weshalb sie sich genötigt sieht, die bevorzugte Methode der Kundgebung zu wechseln (z.B. vom Sprechen zum Schreiben). Nach Mattiesen könne die telepathische Theorie der Kritiker nicht erklären, warum manche Kontrollen und Kommunikatoren alles ganz glatt können, während andere desselben Mediums große Kommunikationsschwierigkeiten haben, denn dies sei doch nach der Sicht der ÜH-Gegner jeweils dasselbe Unterbewusstsein des einen Mediums. Demgegenüber benutzt der Kritiker Baerwald (1925) genau dies als Argument gegen den Spiritismus, denn nach seiner Ansicht habe ein neu auftretender Kommunikator deshalb zunächst große Kommunikationsprobleme, weil das Unterbewusstsein des Mediums diese neue Personation (die neue Stimme, die neuen Charaktereigenschaften etc.) erst nach und nach aufbauen müsse: Die neue Persönlichkeit muss sich erst einüben, die neue Spaltpersönlichkeit bildet sich langsam aus.

Mattiesen führt viele weitere Argumente für seinen spiritistischen Standpunkt an, die er aber selbst meist als keine Beweise auffasst, obwohl er gern diesen Ausdruck benutzt. Er glaubt aber sicherlich, dass seine vielen Argumente zusammen seinen Standpunkt als plausibler erscheinen lassen als den seiner Gegner, und ein weiteres Argument, das aus der Motivierung der Kundgebung, soll hier noch erwähnt werden. Die Kommunikatoren geben oft vor, aus einer bestimmten Absicht heraus in der Séance aufzutreten, etwa um zu helfen, ein nach dem Sterben nicht aufgefundenes Testament zu finden, was dann manchmal tatsächlich gelingt (Mattiesen 1987 I: 432). Oftmals sind jedoch auch diese Absichten auffallend banal, wenn etwa das Medium kundgibt: „Ihre Großmutter zeigt mir einen Strauß ganz weißer Blumen und sagt mir, sie habe Genugtuung und Freude empfunden, als man sie ihr kürzlich aufs Grab gebracht habe" (ebd. S. 424). Hätten Wesen, denen aus dem Jenseits heraus eine Kommunikation mit dem Diesseits gelingt, wirklich nichts Wichtigeres mitzuteilen? Ein letztes Argument, das in heutiger Zeit von Vertretern der ÜH gern als wichtiges Argument angeführt wird, soll abschließend erwähnt werden. Bisher handelte es sich vornehmlich um Kundgebungen, die von Sitzern bewusst angestrebt wurden und wofür sie oftmals den Medien Geld bezahlten. Es kommt jedoch auch vor, dass diese Séancen gestört werden von Kommunikatoren, die in keiner Beziehung zu Sitzern und Medien stehen, die spontan eindringen und heutzutage als „Drop-Ins" bezeichnet werden. Von solch einem Eindringling berichten beispielsweise Haraldsson und Stevenson (1975; siehe auch Gauld 1983: 64f), der bei einer Sitzung in Island erschien, obwohl er weit vom Ort der Sitzung entfernt verstorben war. Die von ihm in der Sitzung gegebenen Mitteilungen konnten nachträglich größtenteils verifiziert werden, und Vertreter der ÜH sind der Meinung, dass bei solchen Fällen die Super-ASW-Theorie ihrer Gegner besonders problematisch sei, da das Medium in diesen Fällen keinerlei Anlass gehabt hätte, sich derartige Informationen von völlig fremden und weit entfernten Personen telepathisch zu beschaffen.

5.4.3 Zusätzliche Argumente der Kritiker und Erwiderungen der Befürworter

Die Kritiker der ÜH bemühen sich nicht nur darum, jeweils die einzelnen Argumente der Befürworter zu entkräften, sondern führen darüber hinaus weitere Belege dafür an, dass es sich bei den Kontrollen und Kommunikatoren nicht um wirkliche Geister von Verstorbenen handeln könne. In diesem Abschnitt soll nun der Schwerpunkt auf den Argumentationen der Kritiker liegen, aber natürlich nicht ohne die Erwiderungen der Befürworter zu erwähnen. Eine der ersten Reaktionen auf die angeblichen Geistermitteilungen war der Vorwurf, es handele sich alles um bewussten Betrug. Tatsächlich konnten viele Medien als Betrüger entlarvt werden (was bei heutigen Naturwissenschaftlern bekanntermaßen auch manchmal vorkommt), aber gerade die besten Medien wie Frau Piper und Frau Leonard wurden umfangreich sogar mit bezahlten Detektiven überwacht, ohne dass man ihnen einen Betrug nachweisen konnte. Die darauffolgende Reaktion der Kritiker war, dass es in den Séancen unbewusst zu Manipulationen käme, beispielsweise indem die Sitzer unbewusst und leise die von ihnen erwarteten Informationen vor sich her sprächen und die Medien dies unbewusst aufnähmen. Jedoch können auch diese Fehlerquellen nicht alle mitgeteilten Kundgebungen erklären, weil manche Séancen ohne die entsprechenden Sitzer abgehalten werden. Es gibt aber Arten der heimlichen Informationsübermittlung, die sich nicht mit herkömmlichen Mitteln überprüfen lassen. In mystischen Orden lernt man, anderen Menschen mit telepathischen Mitteln Botschaften zu senden, und derartige Botschaften erreichen die Adressaten besonders leicht, wenn diese sich in der Meditation oder im Schlaf befinden. Da der Trance-Zustand der Medien in mancherlei Hinsicht meditativen Zuständen ähnlich sein dürfte, kann vermutlich jemand besonders leicht einem Medium telepathisch Informationen zukommen lassen, wenn er sich zur Zeit der Séance stark auf dieses Medium konzentriert. (Ein Beispiel für eine derartige telepathische Beeinflussung eines Mediums findet man bei Lodge 1917: 271f. In moralisch nicht einwandfreien esoterischen Orden wird diese Methode dazu verwendet, ihre Mitglieder für machtpolitische Ziele unbewusst zu manipulieren, denn den Mitgliedern wird glauben gemacht, dass auf diese Weise erhaltene Aufträge von einem göttlichen Überselbst stammen würden, und bei manchen Orden müssen die Mitglieder sogar schriftlich geloben, immer ihre „innere Stimme" zu befolgen.) Angesichts der bekannten Unmoralität eines großen Teils der Menschen würde es mich sehr verwundern, wenn diese Betrugsmethode nicht auch öfter bei den Medienkundgebungen angewendet wurde. (Wegen dieser Betrugsmöglichkeit bin ich in Bezug auf die in der spiritistischen Literatur häufig erwähnten sogenannten „Kreuzkorrespondenzen" mit Textstellen aus der klassischen und antiken Literatur und in Bezug auf die „Büchertests", wie er in einem oben zitierten Fallbeispiel mit dem Medium Leonard auftrat, sehr skeptisch und habe deshalb die auch schwer kurz zu beschreibenden Kreuzkorrespondenzen in dieser Arbeit nicht behandelt; zur Kritik an den Kreuzkorrespondenzen siehe Broad 1980: 543f und Baerwald 1925: 352f.) Aber hiermit lassen sich natürlich nicht alle Phänomene der Medienkundgebungen wegerklären – beispielsweise nicht die dadurch aufgefundenen Testamente, deren Ort vermutlich kein Lebender kannte.

Wie schon gesagt, unterschätzen vermutlich viele Spiritisten die Leistungsfähigkeit des menschlichen Unterbewusstseins, und Kritiker verweisen deshalb gern auf die Effekte, die man mit der Hypnose erzielen kann. Meine folgende Beschreibung der Hypnose entnehme ich vorwiegend dem Buch von Haring (1995): Die Hypnose ist ein Zustand, in dem, bedingt durch gezielte Suggestionen, eine Einengung des Bewusstseins auf einzelne Bilder und Vorstellungen erfolgt, die das Handeln zeitweilig bestimmen. Es können durch Hypnose zahlreiche posthypnotische Halluzinationen hervorgerufen werden; bei der positiven Halluzination sieht der Proband Gegenstände, die überhaupt nicht vorhanden sind, bei der negativen Halluzination sieht er vorhandene Dinge nicht. Wenn man einem Probanden suggeriert, dass einer der Anwesenden an einer anderen Stelle des Raumes, als er sich tatsächlich befindet, z.B. auf einem Stuhl sitze, wird er die Person an der angegebenen Stelle sitzen sehen. Macht man ihn dann darauf aufmerksam, dass diese Person in Wirklichkeit z.B. hinter ihm stehe, wird er sich umdrehen und dann völlig verblüfft wiederholt zum Stuhl und hinter sich schauen und dieselbe Person zweimal sehen. Ein intelligenter Proband mit Hypnoseerfahrungen sagt dann vielleicht: „Ich vermute, einer von ihnen ist eine Halluzination" (zitiert nach Hilgard 1986: 99; Haring 1995: 79).

Die visuelle oder eine andere Sinnesfunktion kann in Hypnose völlig blockiert werden, das Bewusstsein kann so fokussiert werden, dass man nur noch die Stimme des Hypnotiseurs hört, und auch besondere Verhaltensweisen können hervorgerufen werden: Man kann den Probanden auffordern, ein Hund zu sein oder wie ein Hahn zu krähen, er kann als eine andere menschliche Person agieren, jedoch – und das soll hier hervorgehoben werden – man kann „nur eine Rolle übernehmen von der man eine Vorstellung hat" (Haring 1995: 86). Man kann dem Probanden den Auftrag geben sich vorzustellen, in einer gerade entdeckten Höhle zu sein und zu beschreiben, was er dort erlebt, und dann fabuliert dieser viele Minuten lang irgendeine Geschichte, die er anscheinend als Halluzination erlebt (s. Hilgard 1986: 196f). Worauf schon Baerwald

(1925: 325) hinsichtlich der schriftlichen Medienkundgebungen hinwies, kann man unter Hypnose fremde Handschriften nachahmen, Gedächtnisleistungen werden gesteigert und man weiß sogar Dinge, die man im Normalzustand nur unbewusst wahrgenommen hat, etwa wenn irgendwo ein Gespräch stattgefunden hat, während man etwas las (ebd. S. 15). Besonders interessant in unserem Zusammenhang sind posthypnotische Befehle mit automatischem Schreiben. So wurde Probanden hypnotisch der Befehl gegeben, nach der Hypnose würden sie nicht bemerken, dass sie einen Bleistift und einen Schreibblock halten und dass sie mit ihrer Hand bei einer Reihe von Fragen, die sie mündlich mit „Ja“ oder „Nein“ beantworten sollten, immer das Gegenteil von dem aufschreiben, was sie mündlich antworten. Nach dieser Übung sagte eine Probandin, die posthypnotisch doch ein wenig wahrgenommen hatte: "Something was happening, but I couldn`t control it. I knew my hand was writing, but 'yes' and 'no' suddenly meant the same thing. The part that knew I was writing was like a detached observer" (Hilgard 1986: 144). In anderen Experimenten wurde den Probanden aufgetragen, unbewusst mit der Hand schriftlich Additionen durchzuführen, während sie bewusst einen Text lasen.

Scheinbar agieren in den Séancen durch das Medium mehrere Personen, die Kontrolle und die Kommunikatoren, und Kritiker wie Dessoir (1947) haben natürlich nicht versäumt darauf hinzuweisen, dass in Träumen ebenfalls mehrere Personen auftreten, die unbestrittenermaßen von dem einen Träumer hervorgebracht werden. Gerade die Traumphänomene werden von den Parapsychologen immer wieder auch als Belege für vorausschauende und telepathische Fähigkeiten angeführt, und da die Trance von Medien irgendwie Ähnlichkeiten mit dem Schlaf hat, könne nach Meinung der Kritiker das dortige Auftreten von mehreren Persönlichkeiten verbunden mit Telepathie und Präkognition nicht verwundern.

Um das Auftreten mehrerer verschiedener Persönlichkeiten in Séancen zu erklären, weisen Kritiker auch auf die (angebliche) Ähnlichkeit mit dem Krankheitsphänomen der »multiplen Persönlichkeit« hin (s. Hilgard et al. 1975: 162f). Die unter multipler Persönlichkeit leidenden Patienten bestehen aus zwei oder mehr Persönlichkeiten, die mehr oder weniger unabhängig voneinander im Patienten koexistieren und gleichzeitig oder nacheinander das Verhalten des Patienten bestimmen. Diese Persönlichkeiten können jeweils sehr verschiedene Charaktere besitzen, die eine beispielsweise scheu, höflich und sehr konventionell und eine andere kaltblütig, aggressiv und ärgerlich. Zwei Fallberichte sollen das verdeutlichen:

„Die 1843 geborene Félida war die Tochter eines Kapitäns der Handels-
marine. Er war gestorben, als sie noch ein kleines Kind war, und Félida
hatte eine harte und schwierige Kindheit. Schon als Kind mußte sie sich
ihren Lebensunterhalt als Näherin verdienen. Vom 13. Lebensjahr an
entwickelten sich bei ihr schwere hysterische Symptome. Sie war ein mür-
risches, schweigsames Mädchen und arbeitete schwer, aber sie klagte
ständig über Kopfschmerzen, Neuralgien und eine Menge verschiedener
Symptome. Fast jeden Tag hatte sie eine «Krise»; sie empfand plötzlich
einen scharfen Schmerz in den Schläfen, danach pflegte sie in einen wenige Minuten dauernden lethargischen Zustand zu verfallen. Wenn sie
wieder aufwachte, war sie ein ganz anderer Mensch, fröhlich, lebhaft,
manchmal froh erregt, und vollkommen frei von Beschwerden. Dieser
Zustand dauerte gewöhnlich einige Stunden lang an, dann trat wieder für
kurze Zeit ein lethargischer Zustand ein, aus dem sie wieder zu ihrer ge-
wöhnlichen Persönlichkeit erwachte. [Ihr Arzt] Azam stellte fest, in ihrem «Normalzustand» sei Félida durchschnittlich intelligent gewesen, in
ihrem «Sekundärzustand» sei sie jedoch brillanter gewesen. Im letzteren
Zustand wußte sie genau Bescheid, nicht nur über ihre vorhergehenden
Sekundärzustände, sondern auch über ihr ganzes Leben. Im Normalzustand wußte sie nichts von ihrem Sekundärzustand, abgesehen von dem,
was andere ihr darüber erzählt hatten. Viel weniger häufig erlebte Félida
eine Art von Krise, die Azam ihren «dritten Zustand» nannte: Anfälle
von schrecklicher Angst mit entsetzlichen Halluzinationen.

Eines Tages suchte Félida Azam wegen Übelkeit und wegen ihres ange-
schwollenen Unterleibs auf. Azam stellte fest, sie sei schwanger, aber
Félida protestierte, sie verstehe nicht, wie das möglich sein könne. Darauf
wechselte sie in ihren Sekundärzustand hinüber und gab lachend zu, sie
wisse, daß sie schwanger sei, mache sich aber keine Sorgen darüber. Sie
heiratete ihren Freund, ihr Kind kam zur Welt, und ihr Gesundheitszu-
stand besserte sich merklich. Sie suchte Azam lange Zeit nicht auf. Bei
der zweiten Schwangerschaft kehrten all ihre früheren Symptome zurück.

Zu Félidas Symptomen gehörten nach Azams Schilderung ungewöhnli-
che Störungen der vegetativen Funktionen, die in den späteren Jahren
ihres Lebens immer schlimmer wurden. Sie litt an Lungen- und Magen-
blutungen, ohne daß sich Zeichen pulmonärer oder gastrischer Läsionen
hätten finden lassen. Jeder beliebige Teil ihres Körpers konnte plötzlich
anschwellen und sich röten, z.B. eine Hälfte ihres Gesichts.

1876 stellte Azam fest, daß die nun 32 Jahre alte Félida, die inzwischen einen Kolonialwarenladen führte, im Grunde immer noch die gleichen Symptome zeigte. Aber die primäre und sekundäre Persönlichkeit standen nun in umgekehrten Verhältnis zueinander, d.h. die Perioden der «Sekundärpersönlichkeit» waren viel länger als die Perioden der «normalen» Persönlichkeit. Diese letztere wurde immer unangenehmer. In ihrem «Sekundärzustand» fühlte sich Félida wohl, sie war freier, achtete mehr auf ihre äußere Erscheinung, war sensibler und zärtlicher gegenüber ihrer Familie. Sie erinnerte sich an ihr ganzes Leben. Während der kurzen Perioden ihrer Primärpersönlichkeit fehlte ihr ein großer Teil ihrer Erinnerungen (da sie ja nichts von ihrer anderen Persönlichkeit wußte), sie arbeitete fleißiger, aber sie war gegen ihren Mann verdrießlich und gehässig. In jeder Hinsicht erwies sich dieser sogenannte «Normalzustand» als weniger wünschenswert gegenüber dem sekundären oder «abnormen» Zustand. Die elf Geburten Félidas fanden ausnahmslos in ihrem «normalen», d.h. in ihrem schlechten Zustand statt. In beiden Zuständen hielt sie den gegenwärtigen für den normalen und den anderen für abnorm.

In den folgenden Jahren, bis 1887, beobachtete Azam Félida weiterhin und schrieb mehrere Berichte über ihren jeweiligen Zustand. Der «sekundäre» Zustand wurde immer mehr zum vorherrschenden, wenn er auch nie zum einzigen wurde. So lange Azam Félida beobachtete, hatte sie immer wieder kurze Rückfälle in ihren primären, «normalen» Zustand. Die Störungen des vegetativen Nervensystems verschlimmerten sich so sehr, daß die Frau häufig Blutungen in allen Schleimhäuten ihres Körpers hatte, ohne daß irgendein Anzeichen für eine ernste Krankheit vorlag." (Ellenberger 1973: 201f)

Im zweiten Fall wurde das Vorhandensein der multiplen Persönlichkeit erst nach mehrmonatiger psychiatrischer Behandlung u.a. wegen Verhaltens- und Gedächtnisstörungen im folgenden Behandlungsgespräch mit ihrem Arzt entdeckt:

"After several months of irregular visits to the doctor, the discovery was made. As she sat in the chair, drooped, head bent, eyes downcast, answering his questions in a barely audible voice, her head began to ache ... slowly, the head raised, straight and proud; the sparkling eyes gazed back at him sardonically.

"Hello doc," she chirped, changing the tired droop of her body to a sensuous slouch with one almost imperceptible wiggle.

"H-Hello," the doctor answered, treading on unsure ground. ... "Who are *you*?" "I`m me," she flipped. "And what is your name?" he pursued. "I`m Chris Costner." "Why are you using that name instead of Chris White [her married name]?" She straightened her skirt, hitching it higher up her leg, and tossing her head, "Because Chris White is her," she stated pointing off vaguely, "not me."

After another psychiatrist was summoned, the interview continued with Dr. Cleckley and Dr. Thigpen.

"How are you, Mrs. White?" Dr. Cleckley asked.

"I ain`t Miz White, I`m Miss Costner," she responded. ... "Why are you using that name?" "Cause I ain`t married to that jerk; *she* is. I`m a maiden lady. I ain`t never been married and I ain`t gonna be!" "What about the child?" asked Thigpen. "She ain`t my child. It`s her child not mine." "Your body had her," he reminded. "It might have, but I wasn`t in it when it did," she firmly countered. ... "Can we talk with Mrs. White now?" asked Thigpen. "She just has a headache, but I can do it most any ole time" ... "Mrs. White, can I speak to you?" asked the doctor. And there she was. Startled, sad, and unaware of what had happened. She looked at them as if waiting for the blow to fall." (Sizemore, Pittillo; zitiert nach Goldstein et al. 1986: 365).

Interessant zu erwähnen ist, dass hin und wieder multiple Persönlichkeitsspaltungen auftreten, nachdem die Person hypnotisch behandelt worden ist – Hypnose ist deshalb nicht ganz so ungefährlich, wie es Autoren über Hypnose gern behaupten –, und da Trance-Sitzungen Ähnlichkeiten mit hypnotischen Zuständen haben, liegt es nahe, Trance-Persönlichkeiten als pathologische Sekundärpersönlichkeiten zu deuten. Sekundärpersönlichkeiten haben außerdem oftmals ein kindisches Auftreten und Vertreter der ÜH wie Gauld (1983: 112) geben zu, dass diese Ähnlichkeiten mit den kindischen Persönlichkeiten mancher Kontrollen haben. Auch entwickelte sich die Person eines sehr gut untersuchten Falles der multiplen Persönlichkeit (der Fall Doris Fischer, der im Buch des Kritikers Dessoir (1947) ausführlich behandelt wird) später zu einem Séance-Medium. Die Vertreter der ÜH akzeptieren zwar, dass es das Krankheitsbild der multiplen Persönlichkeit gibt, einige bestreiten aber, dass man hiermit alle in den Séancen auftretenden Persönlichkeiten erklären könne. Das Medium sei nicht krank, so wird argumentiert, und es treten in den Séancen beim selben Medium im Laufe der Zeit extrem viele verschiedene Persönlichkeiten auf und ihr Kommen und Gehen ist zeitlich streng begrenzt. Denn schließlich ist der Verweis auf ein Krankheitsbild noch keine Erklärung, und außerdem muss gefragt werden, wie die Persönlichkeiten der Patienten entstehen konnten. Was man heutzutage als multiple Persönlichkeit bezeichnet, wurde im Mittelalter als Besessenheit von Geistern interpretiert, und auch heute gibt es noch Menschen, die zumindest in einigen Fällen diese Deutung bevorzugen (der soeben erwähnte Fall Doris Fischer wurde zunächst als Besessenheit erforscht).

In seiner Neodissoziationstheorie bemüht sich Hilgard (1986) um eine wissenschaftliche Erklärung der multiplen Persönlichkeit und nimmt im Rahmen der kognitiven Psychologie an, dass Menschen mehrere kognitive Strukturen haben, die von einer zentralen Kontrollstruktur zur Steuerung des Verhaltens abwechselnd eingesetzt werden können. In vielen Fällen der multiplen Persönlichkeit hatten die Patienten traumatische Kindheitserlebnisse gehabt, was als Auslöser der Entstehung der Sekundärpersönlichkeit wirkte (s. Goldstein et al. 1986: 366f). Wie aber die verschiedenen untergeordneten Kontrollstrukturen, die jeweils verschiedene Persönlichkeiten darstellen, im Detail entstehen können, ist sicherlich noch nicht genügend aufgeklärt. Die entscheidende Frage ist, wie diese Persönlichkeiten und wie auch die im Traum auftretenden Personen entstehen können. Gibt das Krankheitsbild der multiplen Persönlichkeit eine Erklärung für die Medienpersönlichkeiten oder können umgekehrt die Medienpersönlichkeiten und die in Abschnitt 5.5 behandelten angeblichen früheren Leben der Reinkarnationsfälle eine Erklärung für die komplexen Verhaltensweisen der multiplen Persönlichkeiten abgeben? Wie kann es geschehen, dass beispielsweise eine in die Psychiatrie eingelieferte Italienerin als eine andere Persönlichkeit perfekt französisch spricht (s. Ellenberger 1973: 204f)? Psychiater haben für die von ihnen verwendeten Theorien immer genügend Plausibilitätsargumente parat, aber man muss sich daran erinnern, dass die Psychologie noch eine sehr junge Wissenschaft ist und dass die in der Psychologie formulierten Theorien sehr schwer experimentell zu überprüfen sind. Umfassende und so gut getestete Theorien wie die in der Physik gibt es hier noch nicht, so dass immer damit gerechnet werden muss, dass heutige psychiatrische Theorien in Zukunft durch andere ersetzt werden.

Trotz Neodissoziationstheorie und umfangreicher Hypnoseforschungen glauben einige Menschen immer noch an die Möglichkeit von Besessenheit von Geistern. Bei den sogenannten Besessenheitsfällen unterscheidet man die *vollständige* Besessenheit, in der die ursprüngliche Persönlichkeit (zeitweise) völlig ersetzt wird durch eine andere Persönlichkeit (diese Form bezeichnet man im Englischen als „possession"), und eine *luzide* Form (englisch „obsession"), bei der der Erkrankte seine gewöhnliche Persönlichkeit behält, diese aber die Kontrolle über den Körper verliert und nur zusehen kann, was wie unter

Zwang geschieht. Ein in der Literatur häufig zitierter Fall einer luziden Besessenheit ist der Thompson-Gifford Fall. Mattiesen (1987 I: 245f) stellt zwei Fälle scheinbarer Besessenheit vor, und den Thompson-Gifford Fall fasst er folgendermaßen zusammen:

„Der erste ist der von Prof. Hyslop genau untersuchte und ausführlich dargestellte des Goldschmieds F. L. Thompson, der anscheinend von dem verstorbenen R. Swain Gifford, einem bekannten amerikanischen Maler, beeinflußt wurde. Thompson hatte keine Erfahrung in der Malerei, wurde aber von Gifford beeindruckt, Bilder in seinem Stil zu entwerfen und zu malen, die sich entsprechend ihrer Vollendung gut verkauften. Der erste Antrieb zu diesen Malereien trat 1905, sechs Monate nach Giffords Tode auf, ehe Thompson diesen erfahren hatte, und zwar mit so überwältigender Kraft, daß Th. sein Gewerbe nicht länger betreiben konnte, das ihm auch nachgerade zuwider wurde. Er hatte wirklichkeitsgetreue Gesichte von Landschaften in der Nachbarschaft von Giffords Landhaus, deren einige dieser zu Lebzeiten skizziert hatte; auch glaubte er zuweilen während des Malens Gifford selbst zu sein; dem er übrigens zu dessen Lebzeiten zwar begegnet war, aber ohne ihn irgend näher kennen zu lernen. – Hyslop begab sich mit Thompson zu drei Medien, von denen keines Thompson oder die Veranlassung zu seinem Besuche kannte; und jedes von diesen beschrieb den Verstorbenen (ohne ihn zu nennen) in den üblichen Formen ..."

Nicht unerwähnt bleiben darf, dass man einem Kranken durch Suggestion sehr schnell etwas einreden kann, wofür besonders die im Mittelalter üblichen Teufelsbesessenheiten viele Beispiele liefern. So beschreibt Oesterreich (1921) in seinem Buch über *Die Besessenheit* einen Fall aus dem 17. Jahrhundert, in dem ein 12-jähriges Mädchen vom Teufel besessen gewesen sein soll, welcher auf Suggestivfragen hin berichtete, bei ihm in der Hölle wäre er zusammen mit Judas und Pilatus und er hätte dort auch die mit Blut geschriebene Handschrift von Doktor Faustus.[3] Angesichts solcher Fabulierungen stellt sich die Frage, ob bei den wenigen interessanten Besessenheitsfällen wie dem von Thompson-Gifford zusätzlich zur Fabulierung nicht einfach nur ein paranormales Wissen eine Rolle spielt, so dass wirkliche Besessenheit als Erklärung nicht angenommen werden muss.

---

[3] Wie durch Suggestivfragen selbst heute noch der gröbste Unsinn zur Äußerung gebracht wird, kann man gut nachlesen in einem Fallbericht über die angebliche Besessenheit der Anneliese Michel (Mischo, Niemann 1983).

Der kritisierende Argumentationskomplex von Hypnose/Traum/multipler Persönlichkeit soll hiermit abgeschlossen sein, und andere Argumente der Kritiker sollen nun zur Sprache kommen. Dass viele der angeblichen Geister vom Medium selbstgemacht sind, wird offensichtlich, wenn man sich diese Geister näher betrachtet. Das Auftreten solcher Geister wie Moses, Buddha, Pythagoras, Luther, Napoleon etc. wird niemand ernst nehmen, schreibt selbst der Spiritist Mattiesen (1987 II: 245f), so dass es nahe liegt, dieses schauspielerische Können der Medien auf alle Kundgebungen zu übertragen. Mattiesen räumt auch ein, dass womöglich alle Kontrollen selbstgemacht sind, bestreitet dies aber für einige Kommunikatoren. Frau Pipers langjährige Kontrolle Phinuit behauptete beispielsweise, ein französischer Arzt gewesen zu sein, er konnte aber so gut wie kein Französisch. Auch traten im 19. und zu Beginn des 20. Jahrhunderts Geister auf, die behaupteten, vom Mars gekommen zu sein, und heutzutage, wo man Fotoaufnahmen vom Mars besitzt, wird nicht mehr der Mars als ursprünglicher Wohnort angegeben, sondern derart weit entfernte Planeten, dass eine astronomische Widerlegung unmöglich ist; was natürlich sehr verdächtig ist.

Es gab auch Fälle, bei denen der Geist eines angeblich Verstorbenen auftrat, welcher auf überzeugende Weise und später verifizierte Informationen gab, der sich aber im Nachhinein als ein Lebender herausstellte – die Fabulierfähigkeit der Medien ist offensichtlich sehr erstaunlich. Ein berühmter Fall ist der des als Toter aufgetretene Gordon Davis (Soal, Bateman 1954: 75f), der aber von Mattiesen nicht als Gegenargument gegen seinen Standpunkt betrachtet wird. Mattiesen bringt mehrere Berichte von Lebenden, die als Kommunikatoren in Séancen auftraten, die sich jedoch im Gegensatz zu Gordon Davis nicht als Tote ausgaben, sondern beispielsweise als schlafend, und die Mitteilungen durchgaben, die später überprüft und bestätigt werden konnten. Nach Mattiesen (ebd. II S. 239f) zeige dies, dass das Aktivitätszentrum, welches die Kundgebungen bewirke, außerhalb des Mediums liegen könne und dass die Informationen von außerhalb per Telepathie übermittelt würden. Deshalb sei es nahe liegend, auch bei Kundgebungen von Toten das Aktivitätszentrum, welches die Kommunikatoren hervorbringt, außerhalb des Mediums zu vermuten. Jedoch waren die von Mattiesen angeführten lebenden Personen während des Vorfalls schlafend oder in einem kranken lethargischen Zustand, wohingegen Gordon Davis nachweisbar wach und in einer Geschäftsbesprechung gewesen war, als er in der Séance aufgetreten sein soll. Diese Kundgebung könne er aber parallel zur Geschäftsbesprechung und unbewusst bewirkt haben, meint Mattiesen.

Wie schon in Abschnitt 5.4.1 erwähnt wurde, ist bei den Medienkundgebungen die interessante Information eingebettet in eine Matrix aus Unsinn, und als Argumente dafür, dass diese Geister lediglich das Spaltprodukt des Unterbewusstseins der Medien seien, führt denn auch Baerwald (1925: 20f) an, dass diese Geister schnell ins Faseln geraten und unter Gedankenflucht und Steuerlosigkeit leiden, wie man es nicht von voll bewussten Personen erwarten könne. Auch kann man diesen Geistern Fallen stellen, indem man der Kontrolle glauben lässt, eine in Wirklichkeit niemals existent gewesene Person sei kürzlich verstorben, und dann tritt diese tatsächlich plötzlich als Kommunikator auf (allerdings kenne ich nur den von Baerwald (ebd. S. 21) und Mattiesen (ebd. II S. 247) zitierten Fall). Baerwald hebt außerdem die Vergesslichkeit mancher Geister bezüglich ihrer eigenen Freunde und veröffentlichten Bücher hervor, ferner ebenso wie bei den Erscheinungen die häufige Trivialität, Sinnlosigkeit und Albernheit ihrer Aussagen (ebd. S. 333f).

Was die Bedeutsamkeit der gemachten Mitteilungen betrifft, ist beispielsweise die schon zitierte Untersuchungsreihe mit Frau Piper als Medium und dem verstorbenen Professor Hodgson als Kontrolle sehr interessant (James 1910: 88f). In einer dieser Sitzungen waren der amerikanische Psychologe William James und Frau Hodgson als Sitzer anwesend und diese befragten den angeblichen Geist von Herrn Hodgson über sein jenseitiges Leben. Er antwortete, man würde dort mit der Gesellschaft arbeiten und in Häusern wohnen. Aber als man detaillierter nachfragte und die Sitzer nun mehr Informationen erwarteten, beendete dieser Geist ganz plötzlich die Sitzung und nach seinem späteren Wiedererscheinen wollte er über andere Dinge reden. Dieses Verhalten deutet natürlich darauf hin, dass er über das Jenseits nichts Genaueres sagen konnte – andererseits zeigt es auch, dass die von den Kritikern behauptete Fabulierfähigkeit der Medien nicht immer so einfallsreich ist, wie gern dargestellt wird.

Warum berichten die Geister so wenig über das Jenseits? Hans Driesch (1932: 129) argumentierte, die Verstorbenen würden so viel Trivialitäten aus ihren Leben berichten, weil sie durch Mitteilungen über ihr irdisches Leben den Verwandten und Freunden in den Sitzungen am besten beweisen könnten, dass sie es wirklich seien, die als Geister mit ihnen sprächen. Als Identitätsnachweis sind Erzählungen über das vergangene Leben sicherlich notwendig, aber darüber hinaus sollte man erwarten, dass sie auch umfangreich von dem berichten würden, womit sie sich im Jenseits beschäftigen. Jedoch reden manche Kommunikatoren nicht nur über ihr vergangenes Leben; einige wenige haben sogar detaillierte Berichte über das Jenseits gegeben (s. Mattiesen 1987 III 338f). In dem Buch *Das uneingeschränkte Weltall* von Stewart White

(1963) wird eine hochphilosophische Abhandlung über die Natur des Jenseits gegeben, allerdings ist sie so wenig verständlich wie Hegels Philosophie und beim Lesen fragt man sich mehrmals, ob es sich hierbei nicht eher um einen betrügerischen Bericht handelt, um dem Argument der Kritiker zu begegnen, Kommunikatoren würden hauptsächlich nur Trivialitäten mitteilen.

Ein völlig anderes und sehr starkes Argument gegen die Realität der Geister bilden Tests mit versiegelten Briefen oder ähnlichen Verpackungen, die von Verstorbenen zu Lebzeiten hinterlegt worden sind, um damit nach ihrem Tod als Kommunikator den Identitätsnachweis erbringen zu können (s. Mattiesen 1987 II: 255ff; Thouless 1984; Roll 1982). Mehrere hochrangige Forscher etwa aus der Society for Psychical Research wie F. W. H. Myers haben zu Lebzeiten in versiegelten Umschlägen Mitteilungen niedergeschrieben und diese Briefe sollten erst dann geöffnet werden, wenn nach ihrem Tod Kommunikatoren behaupteten, sie wären ihre verstorbenen Geister und könnten mitteilen, was in diesen Briefen geschrieben stehe. Tatsächlich war bislang keines dieser Experimente auf überzeugende Weise erfolgreich, obwohl sich einige Kommunikatoren wirklich darum bemühten, diese Geheimbotschaften zu verraten.[4]

Zusätzlich zu den bisher angeführten Argumenten der Gegner der ÜH gibt es weitere Kritiken, die aber nicht mehr alle im Detail besprochen werden sollen. Es stellt sich beispielsweise die Frage, warum angesichts der vielen täglich Sterbenden nicht viel mehr Geister als „Drop-Ins" versuchen, ihren Hinterlassenen Botschaften zukommen zu lassen, um sie zu trösten (Gauld 1983: 110f). Mattiesen (1987 II: 277f) bemüht sich auch darum zu erklären, warum die Geister, die doch angeblich in einem raumartigen Jenseits leben, meistens sofort da sind, wenn sie irgendwo in einer Séance mittels eines psychometrischen Objektes oder andersartig gerufen werden. Spricht das sofortige Erscheinen nicht für ihre Erschaffung von dem Unterbewusstsein des Mediums? Mattiesen erklärt das sofortige Erscheinen mit Telepathie, gefühlsmäßigem Rapport etc.; und außerdem sei es ja nicht so, dass die Verstorbenen immer gleich anwesend seien, es gibt auch Fehlschläge und die meisten Verstorbenen würden eine Entwicklung durchmachen, die sie zu irdischem Auftreten immer weniger geneigt oder befähigt machen würde.

---

[4] Manche Autoren (z.B. Mattiesen 1987 I: 301f) behaupten, dass Derartiges dem Zauberkünstler Houdini nach seinem Tod gelungen sei, aber der diesbezügliche Bericht des Mediums Arthur Ford (1972) klingt nicht überzeugend.

5.4.4 Theorien zum Phänomenbereich Medienkundgebungen

Die Kritiker der ÜH nehmen, wie in den vorherigen Abschnitten ausführlich erläutert wurde und wie noch einmal kurz zusammengefasst werden soll, an, dass alle Medienkundgebungen Fabulierungen des Unterbewusstseins des Mediums seien, wobei die in Trance auftretenden Persönlichkeiten Spaltpersönlichkeiten des Mediums seien analog den Spaltpersönlichkeiten der Patienten mit Symptomen der multiplen Persönlichkeit. Die bei den Kundgebungen dargebotenen Mitteilungen entstehen danach aus einer gesteigerten Gedächtnisleistung der Trance-Medien, so wie es auch in der Hypnose außergewöhnliche Gedächtnisleistungen gibt. Werden Informationen geäußert, die das Medium erwiesenermaßen normalerweise nicht wissen konnte, werden von den Kritikern zusätzlich paranormale Erkenntnisformen wie Telepathie und Hellsehen postuliert. Musste dabei das Gedächtnis von mehreren lebenden Personen abgeschöpft werden, so sprechen die Vertreter der ÜH von der Super-ASW-Theorie, und da Fälle auftraten, bei denen das Medium das Gedächtnis von mehreren Personen, die bei der Sitzung nicht anwesend waren und unter Umständen weit verstreut lebten, anzapfen musste, wird von den ÜH-Vertretern diese ASW-Theorie als höchst unplausibel betrachtet.

Der von den ÜH-Vertretern behaupteten Unplausibilität des selektiven Abschöpfens von genau solchen Gedächtnisinhalten aus dem Unterbewusstsein mehrerer Personen, welche exakt zu dem vermuteten Gedächtnis eines Verstorbenen passen, kann jedoch begegnet werden mit der aus der Philosophie des deutschen Idealismus und der griechischen Antike stammenden Auffassung von einem Weltgeist, in dem alle Vorgänge der Welt gespeichert sein könnten. Selbst Mattiesen gesteht ein, dass diese Annahme auch sehr außergewöhnliche Informationsstrukturen erklären kann. In einem solchen „Weltgeist", „kosmischen Über-Ich" oder „universalen Unbewussten" (ebd. Mattiesen 1987 I: 245, 267, 356) könnten die Informationen so gespeichert sein, dass die zu jedem einzelnen Menschen gehörenden Informationen beieinander liegen und deshalb zusammen abgerufen werden können. In der Geschichte der Philosophie und der Parapsychologie wurde solch ein Weltgeist, Weltbewusstsein oder „conscience universelle" mit Katalogen und Plänen von Vergangenheit und Zukunft von Eduard von Hartmann, Osty und James postuliert oder für möglich gehalten (s. von Hartmann 1898: 78f; Driesch 1932: 123ff). Eine moderne Formulierung dieser These ist das von mir ausgearbeitete Computer-Weltbild, das mit und ohne ein persönliches Überleben des körperlichen Todes formuliert werden kann. Wie schon Mattiesen feststellte, ließe sich mit dem Weltgedächtnis eines solchen Weltgeistes selbst die schwer zu begreifende Psychometrie – also das Aufrufen von Informationen durch das Betasten eines Gegenstandes – plausibel machen, da die zum Gegenstand gehörenden Informationen abgespeichert wären zusammen mit den anderen zum ehemaligen Besitzer gehörenden Informationen. Da viele Vertreter der ÜH auch an die Präkognition, an Zukunftsvisionen, glauben, müssen sie vermutlich ohnehin etwas Derartiges wie einen Weltgeist mit Zukunftswissen annehmen, so dass sie das Argument der zusammen gelagerten Speicherung aller zu einer Person gehörenden Informationen kaum zurückweisen können. Ob man aber durch die Gedächtnisspeicher eines Weltgeistes auch das Nachahmen fremder Handschriften und den Gebrauch von Fremdsprachen erklären kann, ist eine andere Frage; hierzu ist eventuell nicht nur Wissen, sondern zusätzlich Übung nötig. Und sollte es tatsächlich eine Art Weltgeist geben, dann wäre es auch nicht verwunderlich, wenn er Subsysteme enthielte, die als Seelen oder Entelechien von Lebewesen fungieren.

Ich komme nun zu Theorien, die von den Befürwortern der ÜH oder ihr nahe stehenden Personen vermutet oder diskutiert werden. Den extremsten Standpunkt der ÜH vertreten die Spiritisten, wonach die Verstorbenen eine Lebendigkeit und Bewusstheit besitzen, die der Lebendigkeit und Bewusstheit von uns körperlichen Menschen gleichen würden oder diesen sogar überlegen seien. Diese Geister besäßen – wie einige Medien berichteten – ein astrales Ebenbild des stofflichen Körpers, würden in astralen Häusern innerhalb von paradiesischen Landschaften oder Städten in einer Gemeinschaft leben und arbeiten und beispielsweise „kosmische Strahlen" als Nahrung zu sich nehmen (s. Mattiesen 1987 III: 338f). Die genaue Natur dieser Leiber und Gegenstände – die Frage, ob es sich um feinstoffliche Materie oder nur um symbolische Darstellungen eines reinen Bewusstseins handelt – ist jedoch selbst unter Spiritisten umstritten. Das folgende Zitat ist ein Beispiel für eine Mediumbeschreibung des Lebens im Jenseits; sie stammt von dem Medium Leonard und soll eine Mitteilung des verstorbenen Raymond Lodge, Sohn des Physikprofessors Oliver Lodge, sein. Prof. Lodge war Spiritist, stand aber selbst derartigen Mitteilungen skeptisch gegenüber. (Die Kontrolle Feda berichtete manchmal grammatikalisch in der 3. Person, wechselte manchmal aber auch in die 1. Person Singular.)

"He lives in a house – a house built of bricks – and there are trees and flowers, and the ground is solid. And if you kneel down in the mud, apparently you get your clothes soiled. The thing I don`t understand yet is that the night doesn`t follow the day here, as it did on the earth plane. It seems to get dark sometimes, when he would like it to be dark, but the time in

between light and dark is not always the same. I don`t know if you think
all this is a bore. ...

What I am worrying round about is, how it`s made, of what it is compo-
sed. I have not found out yet, but I`ve got a theory. It is not an original
idea of my own; I was helped to it by words let drop here and there.

People who think everything is created by thought are wrong. I thought
that for a little time, that one`s thoughts formed the buildings and the
flowers and trees and solid ground; but there is more than that.

He says something of this sort: –

> [This means that Feda is going to report in the third person again, or
> else to speak for herself. – O. J. L.]

There is something always rising from the earth plane – something che-
mical in form. As it rises to ours, it goes through various changes and
solidifies on our plane. Of course I am only speaking of where I am now.

He feels sure that it is something given off from the earth, that makes the
solid trees and flowers, etc." (Lodge 1917: 184f)

Natürlich gibt es auch unter Spiritisten unterschiedliche Meinungen, aber
nicht mehr als Spiritisten sind vermutlich diejenigen zu bezeichnen, die nicht
an die vollständige Handlungsfähigkeit und Bewusstheit der Verstorbenen
glauben, sondern an eine Art Traumzustand oder Schattendasein. Ähnlich den
Buddhisten, die an einen traumartigen Zustand zwischen Tod und Wiedergeburt glauben, oder ähnlich den antiken Griechen, für die die Toten nur noch
Schatten ihres ursprünglichen Selbstes waren, gibt es auch heute Theoretiker,
die über derartige Seinsweisen spekulieren, worauf ich jedoch erst in Kapitel
6 genauer eingehen werde. Erwähnt werden soll hier nur so viel, dass ein
traumartiger Daseinszustand erklären würde, weshalb die Kommunikatoren
meistens kaum etwas über das Jenseits zu berichten wissen, nur bruchstück-
hafte Erinnerungen an ihr früheres Leben haben und Trivialitäten und eine
Matrix aus Unsinn mitteilen, was die Spiritisten nur unbefriedigend erklären
können.

Es gibt auch Autoren, die die angeblichen Geister zwar nicht als allein vom
Medium hervorgebrachte Spaltpersönlichkeiten betrachten, die aber gleichzeitig nicht glauben, dass diese „Persönlichkeiten" außerhalb der Séancen
wirklich oder zumindest bewusst-lebendig existieren würden. Diese Autoren
glauben, dass diese Persönlichkeiten zwar real seien, aber erst in den Séancen

entständen. Die Zweifaktorentheorie von C. D. Broad (1980, 1962) werde ich nach der Behandlung der Reinkarnationsphänomene in Kapitel 6 genauer beschreiben; an dieser Stelle sei nur so viel dazu gesagt, dass nach Broad beim körperlichen Tod der körperliche Faktor einer Person (u.a. sein Gehirn) zerfällt, wohingegen ein zusätzlich vermuteter psychischer Faktor überlebe und in Séancen zusammen mit dem körperlichen Faktor des Mediums zu einer zeitweise existierenden Person werden könne. Dass die in den Séancen auftretenden Persönlichkeiten außerhalb der Séancen nicht existieren und erst dort erschaffen werden (aber nicht nur als Spaltpersönlichkeiten des Mediums) wurde vor Broad schon von William James vorgeschlagen. James (1910: 118ff) argumentierte folgendermaßen: Das materielle Universum besitze auf vielfältige Weise Gedächtnisspuren von den Aktivitäten der Menschen, und wenn die verschiedenen zu einem Menschen gehörenden Gedächtnisspuren auf irgendeine Weise aktiviert würden, könne dies zu einer Art Bewusstsein führen. So besitzen die in einer Séance auftretenden Sitzer Gedächtnisinhalte über den Verstorbenen und durch eine gegenseitige Induktion dieser Gedächtnisspuren entstände daraus etwas von der Art eines Verstorbenengeistes. Eine ähnliche Theorie, wonach eine „Persona" erst durch die unbewusste Kollaboration der an den Séancen beteiligten Sitzer geschaffen werde, schlug auch Hart (1958) vor, jedoch könne eine solche künstliche Person auch von wirklich den Tod überlebenden Geistern zur Kommunikation mit den Menschen benutzt werden (vgl. auch Mattiesen 1987 II: 409).

Weitere theoretische Überlegungen, die im Zusammenhang mit den Medienkundgebungen, aber auch für andere Phänomenbereiche bedeutsam sind, werden in Kapitel 6 ausgeführt; hier soll nur noch eine Theorienrichtung vorgestellt werden. Bereits 1885 formulierte der Spiritismuskritiker Eduard von Hartmann in seinem Buch *Der Spiritismus* die Inspirationshypothese, wonach die in den Séancen auftretende Kontrolle das Bewusstsein des Mediums sei (es somit keine Besessenheit gäbe), und dass man höchstens noch überlegen könne, ob auf telepathische Weise dieses hypnoseähnliche Bewusstsein Mitteilungen von Verstorbenen in der Form von Inspirationen erhalte, was von Hartmann (1898: 113f) jedoch nicht glaubte. Eine solche Hypothese oder Theorie haben später auch andere Autoren vorgeschlagen (vgl. Hick 1994: 138f; Gauld 1983). Gauld wendet sich gegen die Vorstellung, Telepathie sei eine Informationstransmission wie beim Radio zwischen Sender und Empfänger, und in Anlehnung an Überlegungen von James (1910: 117), der verschiedene Denkansätze ausprobierte, vertritt Gauld die Meinung, das Medium würde durch die selbstgemachte Kontrolle viele Äußerungen allein hervorbringen, diese Willensäußerungen würden aber überlagert durch von außen hinzukommende direkte Äußerungen eines verstorbenen Geistes. Der vielfache Unsinn der Medienkundgebungen komme von den Medien, die wenigen sinnvollen Äußerungen jedoch vom Geist eines Verstorbenen. Dieses Überlagern oder Ausfüllen von Lücken der Äußerungen des Mediums durch den Kommunikator bezeichnet Gauld als „Überschattung", weshalb er seine Theorie als „Overshadowing" bezeichnet. Auf ähnliche Weise vermutete schon Mattiesen (1987 II: 253), die Kontrolle als Spaltpersönlichkeit mache es dem Medium leichter, Informationen von Verstorbenen aufzunehmen; er bezeichnete deshalb die Kontrolle als ein „dramatisches Aufnahmegefäß" für vom Kommunikator kommende Mitteilungen.

5.5 Berichte über scheinbare Wiedergeburt

Die Lehre von der Wiedergeburt ist ein zentraler Bestandteil der asiatischen und anderer Religionen, aber auch im antiken Griechenland hat es Philosophen wie Pythagoras, Platon und Plotin gegeben, die die Wiedergeburt lehrten, und selbst in Nordeuropa trat der Glaube daran auf, bis er vom Christentum verdrängt wurde. Beim Reinkarnationsglauben wird angenommen, dass die menschliche und tierische Persönlichkeit etwas enthält, was nicht vollständig als Hirnzustand oder allgemeiner ausgedrückt als körperlicher Zustand beschrieben werden könne, und dieses überdauere den körperlichen Tod und könne sich nach der Befruchtung einer Eizelle oder etwas später vor oder während der Geburt wieder mit einem Körper vereinigen. Heutzutage werden vor allem zwei Arten empirischer Untersuchungen als Argumente für diese Hypothese angeführt: angebliche Erinnerungen an frühere Leben von Personen, mit denen unter Hypnose eine Altersregression durchgeführt wurde, und spontane Erinnerungen von Personen – insbesondere von Kindern – im normalen Wachzustand. Systematische diesbezügliche wissenschaftliche Untersuchungen von Meditationserlebnissen, auf welche der Osten seine Religionen gründet, sind mir nicht bekannt.

5.5.1 Angebliche Erinnerungen unter Hypnose

Als hypnotische Altersregression bezeichnet man ein erinnerungsmäßig-erlebnishaftes Zurückgehen auf frühere Altersstufen unter Hypnose; man erlebt beispielsweise seine Erinnerungen an seinem 10. Geburtstag. Manche Autoren sind der Meinung, dass man in solch einer Rückführung zumindest einige seiner früheren Erlebnisse wirklichkeitsgetreu wieder durchlebe. Andere Autoren hingegen meinen, dass der Proband in seinem Erleben niemals vollständig auf das Kindsein zurückversetzt würde; man würde durch die hypnotische Suggestion nicht zum Kind, das seinen 10. Geburtstag feiere, sondern bleibe beispielsweise der 40-jährige, der nur Einzelheiten aus der Situation des Kindes erlebe, die immer bruchstückhaft seien. So beantwortete in einem Versuch ein Proband alle englischen Fragen auf Deutsch, weil er in dem Alter, auf das er zurückgeführt worden war, noch gar nicht Englisch gelernt hatte. Wenn die Hypothese der Revivikation richtig wäre, hätte man bei dieser

Rückführung erwarten können, dass die Fragen des Hypnotiseurs für ihn unverständlich geblieben wären (Haring 1995: 89). Es gibt auch Berichte von Rückführungen, bei denen die erzeugten Erlebnisse den Erfahrungen der multiplen Persönlichkeiten ähneln und bei denen die tatsächliche erwachsene Persönlichkeit des Probanden im Hintergrund als verdeckter Beobachter das Auftreten der kindlichen Persönlichkeit registrierte (Hilgard 1986: 235).

Um die Möglichkeit zu erforschen, ob der Mensch hintereinander in verschiedenen Körpern lebe, erteilen manche Hypnotiseure ihren Probanden nach der Rückführung in deren früheste Kindheit die Suggestion, vor ihrer Geburt gelebt zu haben, um zu prüfen, ob der Proband daraufhin irgendwelche Erlebnisse zu berichten weiß, und um diese Berichte dann unter Umständen mit tatsächlichen Begebenheiten vergleichen zu können. Wissenschaftliche Parapsychologen, die die ÜH erforschen, benutzen jedoch für ihren Standpunkt nur selten Argumente aus Altersregressionen, da unter Hypnose Erlebnisse zu sehr von den Suggestionen des Hypnotiseurs abhängen, so dass ein objektives Wiedererleben der Vergangenheit kaum anzunehmen ist, und da deshalb ein wissenschaftlicher Nachweis der Korrektheit zumindest von einigen Elementen des Berichteten sehr schwer ist. Wie sehr unter Hypnose fabuliert wird, zeigen Versuche, bei denen Personen innerhalb der evolutionären Entwicklung der Menschheit zurückversetzt worden sind und sie sich daraufhin angeblich als Schimpansen fühlten und sich dementsprechend verhielten (Hilgard 1986: 50), und Versuche, bei denen Personen von früheren Leben auf dem Planeten Venus berichteten (s. Thouless 1984: 29).

Fallbeispiel Bridey Murphy

Berichte über angebliche Erinnerungen an frühere Leben, die unter hypnotischen Regressionen erlebt worden sind, stammen meist von wissenschaftlichen Laien, wenngleich es auch einige wenige Untersuchungen von herausragenden Parapsychologen gibt. Geradezu berühmt geworden ist der Fall der „Bridey Murphy". Durchgeführt wurde diese Hypnose von dem Geschäftsmann Bernstein, und die Überprüfung der berichteten Erlebnisse, der Vergleich mit tatsächlichen historischen und geographischen Gegebenheiten, wurde von Journalisten unternommen. Hypnotisiert wurde hierbei in den 50er Jahren des vorigen Jahrhunderts die amerikanische Hausfrau Ruth Simmons, welche auf die Suggestion hin, sich an ein früheres Leben zu erinnern, mit einem irischen Akzent zu sprechen begann und vorgab, ein rothaariges irisches Mädchen namens Bridey Murphy zu sein (Bernstein 1973). Sechs Hypnosesitzungen waren über einen längeren Zeitraum verteilt und aus ihnen ließ sich eine längere Chronik dieser angeblichen Lebensgeschichte rekonstruieren, zu der u.a. folgende Angaben gehören: Bridey Murphy soll 1798 geboren worden sein; ihr jüngerer Bruder verstarb 1802; ihre Familie veranstaltete 1805 anlässlich ihres siebenten Geburtstages eine Feier in ihrem Haus außerhalb der Stadt Cork; einmal bekam sie Schläge, weil sie Stroh aus dem Dach der Scheune gerupft hatte; 1818 heiratete sie Brian MacCarthy, die Trauung fand zunächst ihrer Familie zuliebe nach protestantischem Ritus statt, später ließen sie sich in Belfast noch einmal katholisch trauen; Brian dozierte an der Queen's University in Belfast und schrieb über Rechtsfälle für die *Belfast News-Letter*; Bridey starb 1864.

Der Journalist und damalige Kolumnist und Redakteur des Sonntagsmagazins *Empire der Denver Post*, William Baker, bemühte sich, die von der Hausfrau unter Hypnose gemachten Angaben zu überprüfen, wozu er extra nach Irland reiste. Die Ergebnisse seiner Nachforschungen fasste er in Bernsteins Buch zusammen; seiner Meinung nach „behielt Bridey absolut recht in wenigstens zwei Dutzend Punkten, über die sich Ruth Simmons in den USA nicht offiziell oder gar insgeheim hätte informieren können" (Bernstein 1973: 240). Die meisten Orte, die Bridey erwähnte, konnten lokalisiert werden; eine von einem Ausflug stammende Landschaftsbeschreibung stellte sich angeblich als überzeugend richtig heraus; und Tänze, wie Ruth Simmons sie vorgeführt hatte, gab es in Irland ebenfalls (zumindest einen „Sorcerer's Jig"). Auch konnten mehrere Einwände von Kritikern widerlegt werden. Beispielsweise war unter Hypnose berichtet worden, Bridey habe als kleines Mädchen die Farbe ihres Metallbettgestells abgekratzt, worauf Kritiker zunächst geantwortet hatten, Metallbetten hätte es damals in Irland noch nicht gegeben, bis nachgewiesen werden konnte, dass es in der Nähe der Stadt Cork in einem Kloster schon Metallbetten gegeben hatte. Auch wurde zunächst von Kritikern behauptet, in Belfast hätte es noch keine Rechtsfakultät gegeben, was ebenfalls widerlegt werden konnte. Es konnte jedoch nicht nachgewiesen werden, dass in Cork und Belfast zu der angegebenen Zeit tatsächlich eine Bridey Murphy gelebt und an der Rechtsfakultät der Universität ein Brian MacCarthy doziert hatten. Auch die Behauptungen hinsichtlich der angeblichen Schriftstellerei ihres Mannes waren vermutlich falsch, manche Angaben konnten allerdings gar nicht überprüft werden.

Der Fall Bridey Murphy ist sicherlich kein Beweis für die Wiedergeburt; er ist aber trotzdem sehr interessant und zwar auch in Bezug auf das Verhalten der Kritiker. Kurze Zeit nach der Veröffentlichung des Falles als Artikelserie in Zeitungen besuchte ein Pfarrer das Ehepaar Simmons und sagte, dass er für sie beten würde. Er betrachtete es als seine Pflicht, die Reinkarnation zu entlarven, weil sie einen Angriff auf die anerkannten religiösen Glaubenslehren darstellen würde (Bernstein 1973: 241). Verschiedene Kreise betrachteten Bridey als Kronzeugin des Teufels und selbst Spiritisten waren heftig gegen diesen Fall eingestellt. Mit Hilfe dieses Pfarrers wurden kritische Untersuchungen angestellt, die anschließend veröffentlicht wurden und angeblich die Reinkarnationsinterpretation vollständig widerlegt haben sollen. Heutzutage beziehen sich Kritiker gern auf diese Untersuchungen, obwohl der daran beteiligte Pfarrer sicherlich nicht den wissenschaftlichen Objektivitätsstandards genügte. So wird in diesem Gegenbericht behauptet, Ruth Simmons hätte einen jüngeren Bruder gehabt, der tot geboren wurde (Bridey Murphy hatte einen jüngeren Bruder, der früh starb), was jedoch nicht der Wahrheit entspricht. Als wichtige Zeugin wurde eine Frau Corkell aus der Nachbarschaft ihrer Kindheit genannt; als man aber ihre Angaben von der Gegenseite her überprüfen wollte, wurde ein Interview verweigert. Obwohl die Untersuchungen der Kritiker selbst kritisierbar sind, mag bei dieser Zeugin tatsächlich die Erklärung dieses Falles liegen, denn Frau Corkell stammte aus Irland, Frau Corkells Mädchenname war Bridie Murphy, Ruth Simmons hatte oft mit ihren Kindern gespielt und es ist plausibel anzunehmen, dass sie hierbei (vielleicht unbewusst) Informationen über Irland aufgenommen hatte. Jedoch zeigt der Fall Bridey Murphy auch, dass bei uns im Westen Belege für die Wiedergeburt unterdrückt oder zumindest nicht gern gesehen werden und dass manchmal auch sehr schlechte Argumente dagegen vorgebracht werden. So zitiert der wissenschaftliche Kritiker Hilgard (1986: 49) aus dem Hypnosebericht folgende Stelle:

"Brian came to your house?

Uh-huh.

When you were seventeen?

Uh-huh."

Und anschließend zitiert er einen Kritiker, der einen vernichtenden Artikel über diesen Fall geschrieben haben soll: „Now there is many an answer that an Irish girl would give to a query about her young and burgeoning love, but by all the powers that be it would never be *Uh-huh.*" Wenn man bedenkt, dass bei glaubwürdigen Altersregressionen zu Zeitpunkten innerhalb des aktuellen Lebens Probanden auf englische Fragen deutsch antworten (wie oben beschrieben wurde), dann kann dieses parasprachlich bejahende Verhalten von

Bridey sicherlich keine vernichtende Kritik hergeben, denn viele Äußerungen während Altersregressionen enthalten auch Spuren vom aktuellen Zustand des Probanden.

Im Gegensatz zur großen Anzahl an untersuchten Reinkarnationsfällen mit angeblich spontanen Erinnerungen an vergangene Leben (siehe nächsten Abschnitt) gibt es nur wenige Fälle, bei denen *wissenschaftliche Parapsychologen* die unter hypnotischer Altersregression gemachten Behauptungen untersuchten. Einige wenige solcher Fälle wurden jedoch von Ian Stevenson erforscht wie beispielsweise der folgende Fall „Gretchen" (Stevenson 1984; über einen anderen Fall siehe Gauld 1983: 106; Stevenson 1974).

Fallbeispiel Gretchen Gottlieb

Bei diesem Fall konnte zwar die angeblich frühere Persönlichkeit nicht identifiziert werden, der Fall ist aber dennoch interessant, weil es sich hierbei zusätzlich um das Auftreten von antwortender Xenoglossie handelt, also um das Vermögen der hypnotisierten Person, in einer Fremdsprache (Deutsch) eine Unterhaltung zu führen. Der amerikanische Hypnotiseur war Carrol Jay (C. J.), welcher eines Tages seine Frau Dolores (D. J.) hypnotisierte, ihr aber *nicht* die Suggestion erteilte, zu einem früheren Leben zurück zu gehen, sondern sie wegen Rückenschmerzen behandeln wollte. Auf seine Frage „Does your back hurt?" antwortete sie plötzlich mit „Nein". Obwohl er keine richtigen Deutschkenntnisse hatte, wusste er, dass es sich um Deutsch handelte. Hieraus entwickelte sich dann über mehrere Sitzungen hinweg eine Untersuchung, bei der C. J. seine Fragen auf Englisch stellte, D. J. auf Deutsch antwortete und sich dadurch eine Persönlichkeit äußerte, die angeblich Gretchen hieß und vermutlich Ende des 19. Jahrhunderts in Deutschland gelebt haben soll. Im Folgenden gebe ich einen Auszug aus einem Hypnoseprotokoll (Stevenson 1984: 170f) wieder:

"C.J.: ... Just relax. Tell me again your full name, your last name.

D.J.: *Ich heisse Gretchen.*

C.J.: I know, Gretchen. I want your last name now. Speak a little louder.

D.J.: *Gottlieb.*

C.J.: Where do you live, Gretchen? Do you live in the city or in the country?

D.J.: *Stadt.*

C.J.: Speak a little louder now.

D.J.: (louder) *Stadt.*

C.J.: Tell me exactly where you live.

D.J.: *Leb in Eberswalde.*

C.J.: Who do you live with? Who do you live with? Who do you live with, Gretchen?

D.J.: *Mein Vater.*

C.J.: How old are you, Gretchen? How old are you?

D.J.: *Ich weiss nicht.*

C.J.: Are you old enough to go to school? Don`t shake your head. Answer. Speak out so that I can hear what you say.

D.J.: *Nein.*

C.J.: I want you to move ahead in time ten years. You are now ten years older. You are now ten years older. How old are you now, Gretchen? How old are you now?

D.J.: *Fünfzehn.*

C.J.: Are you married?

D.J.: *Nein.*

C.J.: Are you planning on getting married?

D.J.: *Nein.*

C.J.: Do you work?

D.J.: (sights deeply)

C.J.: Do you ...

D.J.: (interrupts) *Ich beistehen der Hausfrau.*

C.J.: I want you to speak a little louder now. We can`t hear ...

D.J.: (interrupting) *Nein.*

C.J.: Why won`t you speak louder? Why won`t you speak louder?

D.J.: *Ist gefährlich.*

C.J.: There is no one going to hear but me. I need you to speak a little louder. I want you to tell me again, what kind of work do you do?

D.J.: *Ich beistehen der Hausfrau. Das Kinder.*

C.J.: How many children do you take care of? Is the lady you work for good to you?

D.J.: *Ja.*

C.J.: Does she pay well?

D.J.: *Nein.*

C.J.: How much does she pay you?

D.J.: (softly) *Nicht Geld.*

C.J.: No money? What kind of work does your father do? Is your father still living, Gretchen?

D.J.: *Ja.*

C.J.: What kind of work does he do?

D.J.: *Er Bürgermeister.*

C.J.: What is the name of the school where he teaches?

D.J.: *Sie haben nicht recht. Nicht Schul.*

C.J.: How many students does he have?

D.J.: *Nicht Schule.*

C.J.: Doesn`t the word Bürgermeister mean "schoolteacher"?

D.J.: *Nicht Meister, Bürgermeister.*

C.J.: Go ahead and explain the difference for me. Explain the difference. I don`t understand. Does he work for the city? For the government?

D.J.: *Ja."*

Gretchen schien zumindest einfaches Englisch zu verstehen, sprach aber mit wenigen Ausnahmen nur deutsch. Ihr Deutsch war jedoch fehlerhaft, insbesondere die Grammatik, weshalb sie nur selten ganze und dann meist nur einfache Sätze sprach. Der Hypnotiseur besorgte sich zunächst ein Deutsch-Englisch Wörterbuch, um ihre Mitteilungen zu verstehen, nach etwa zehn Sitzungen, ungefähr nach einem Jahr, lud er jemanden mit deutscher Muttersprache ein und später konnte auch der Parapsychologe Ian Stevenson Gretchen untersuchen, welcher Amerikaner ist, aber die deutsche Sprache beherrscht.

Da ihre Mitteilungen (Gretchen lebte in Eberswalde, ihr Vater war Bürgermeister, sie half in einem Haushalt und kümmerte sich um die Kinder etc.) nicht verifiziert werden konnten, braucht dieser Fall hier nicht weiter vorgestellt zu werden. Erwähnt werden soll nur, dass Stevenson zu dem Ergebnis kam, dass der Hypnotiseur und seine Frau nicht die entsprechenden Deutschkenntnisse besaßen, um damit Gretchens Antwortverhalten erklären zu können. Weder haben sie jemals Deutsch erlernt noch konnten sie unbewusst beispielsweise über das Fernsehen genügend Kenntnisse erworben haben. Wenn man von der Annahme ausgeht, dass Fähigkeiten wie das Führen einer Konversation in einer Fremdsprache nicht allein durch ASW erklärt werden können, weil hierzu längere Übung nötig sei, dann könne man den Fall Gretchen als einen weiteren Hinweis auf das Überleben des körperlichen Todes betrachten, lautet Stevensons Fazit, ohne sich aber endgültig darauf festzulegen, ob es sich um einen Reinkarnationsfall oder um einen Fall von Besessenheit ähnlich wie bei den medialen Kundgebungen handeln könnte.[5] Bedenken sollte

---

[5] Ich habe den Fall Gretchen für die genauere Beschreibung von responsiver Xenoglossie ausgewählt, weil hierbei die deutsche Sprache eine Rolle spielt. Wissenschaftlich interessanter ist aber beispielsweise eine Veröffentlichung von Stevenson und Pasricha (1980), bei der in einem anscheinenden Fall von multipler Persönlichkeit bzw. Besessenheit die Sekundärpersönlichkeit Erinnerungen an ein früheres Leben zu

man aber, dass Gretchens Deutschfähigkeiten nicht sehr gut waren und eher auf dem Niveau lagen, das man von Amerikanern, die Deutsch als Fremdsprache gelernt haben, erwarten kann. Außerdem ist der Name Gretchen unter deutschstämmigen Amerikanerinnen nicht ungewöhnlich (eine Hommage an Goethes Gretchen aus dem „Faust"), wohingegen ich diesen Namen in Deutschland noch nie gehört habe, sondern nur in der Form Grethe oder Margarethe; sie könnte aber natürlich so gerufen worden sein.

Hinsichtlich der unter Hypnose aufgetretenen Fälle angeblicher Erinnerungen an frühere Leben scheint es so zu sein, dass hierbei bislang nicht so umfangreich verifizierte Informationen (Wissen, das die Probanden normalerweise nicht hätten besitzen können) geäußert wurden, wie es bei den Trance-Medien der Fall ist. Sollte in Trance alles nur Fabulierung sein, wie es ÜH-Kritiker behaupten, warum gelingt es dann aber nicht auch unter Hypnose, so gut verifizierbare ASW-Informationen zu äußern? Manche Medienkritiker verweisen doch gerade auf die Fabulierfähigkeit unter Hypnose. Kritiker mögen natürlich vermuten, dass unter Hypnose die telepathische Informationsgewinnung nicht so gut sei wie in Trance, obwohl aber auch unter Hypnose erfolgreiche Telepathieexperimente durchgeführt worden sind (s. Baerwald 1925). Und manche Parapsychologen wie etwa Stevenson (1986: 349) sind der Meinung, dass im Fall Bridey Murphy tatsächlich paranormales Wissen vorgelegen habe und man nicht alles auf Kryptoamnesie zurückführen könne.

---

haben scheint und umfangreich eine Sprache beherrscht, die die Primärpersönlichkeit nicht spricht.

5.5.2 Spontane Fälle angeblicher Erinnerungen an frühere Leben

Seit 1960 hat Stevenson von der Universität Virginia (USA) zahlreiche Fälle angeblicher Erinnerungen von Kindern an frühere Leben untersucht, oftmals aufbauend auf den Forschungen anderer Parapsychologen, und davon viele Fälle in mehreren interessanten Büchern (z.B. 1986, 2005) veröffentlicht. Bei meiner folgenden Darstellung von Stevensons Untersuchungen orientiere ich mich an der Zusammenfassung von Gauld (1983: 172f), dem ich auch die Zusammenfassung des Falles Swarnlata entnehme. Bei meiner Darstellung benutze ich wiederholt Ausdrücke wie „die frühere Persönlichkeit" des Untersuchungssubjektes, ihr „früheres Leben" oder ihre „Erinnerungen", was jedoch kein Anerkennen der tatsächlichen Wiedergeburt sein soll, sondern nur als sprachlich einfache Ausdrucksform für den behaupteten Sachverhalt aufzufassen ist. Stevenson führt hauptsächlich drei Arten von Fakten als Hinweise auf Reinkarnation an: Die Kinder erzählen Dinge über Ereignisse und Personen und von örtlichen Gegebenheiten, die sie als Erinnerungen erleben und die sich in vielen Details als nachprüfbar und wahr erweisen; sie haben Verhaltensweisen, Fähigkeiten, Einstellungen usw., die mit denen von früher gelebten Personen recht gut übereinstimmen; und schließlich gibt es von ihnen Wiedererkennungen von Verwandten, Freunden, Ortschaften u.ä., zu denen die verstorbene Person in Beziehung stand. Stevenson hat besonders viele Fälle in Asien (insbesondere in Indien), aber auch beispielsweise in Brasilien, Alaska, Libanon und in Europa untersucht und dabei folgende Merkmale gefunden, die für alle Kulturen gelten: 1. Die meisten Kinder seiner Reinkarnationsfälle beginnen im Alter von zwei bis vier Jahren, über ihre angeblichen Erinnerungen zu erzählen, d.h. sobald sie sprechen gelernt haben. 2. Diese Erinnerungen tauchen meistens im Wachzustand auf. 3. In der Regel sind ca. 90% der Äußerungen über ihr früheres Leben korrekt, soweit es sich nachprüfen lässt. 4. In den meisten Fällen hören die Kinder im Alter zwischen vier und acht Jahren auf, über ihr voriges Leben zu reden, und die Erinnerungen verschwinden meistens vollständig im Erwachsenenalter, einige haben aber auch als Erwachsene noch gute Erinnerungen. 5. Bei einem hohen Prozentsatz der Fälle starb die frühere Person eines gewaltsamen und oftmals frühen Todes. 6. Ereignisse, die mit dem Tod in Beziehung standen oder ihm direkt vorhergingen, stechen bei den Erinnerungen besonders hervor. 7. Die angebliche Wiedergeburt erfolgt in der Regel einige wenige Kilometer entfernt von dem früheren Lebensort; es gibt aber auch Fälle, in denen das Kind weit entfernt in einem anderen Land auftritt. Neben diesen kulturübergreifenden gibt es auch kulturspezifische Eigenheiten der Reinkarnationsfälle: 1. Die untersuchten

Fälle sind sich besonders ähnlich, wenn sie aus Regionen stammen, in denen man sehr stark an die Wiedergeburt glaubt (Indien, Sri Lanka, unter Drusen u.a.). 2. Obwohl in allen Kulturen sehr viele der früheren Persönlichkeiten eines gewaltsamen Todes starben, variiert der Anteil von 38% in Sri Lanka und über 78% unter den Drusen in Syrien und im Libanon. 3. Ein Geschlechtswandel von einem Leben zum nächsten kommt in bestimmten Ländern häufiger vor als in anderen (fast gar nicht z.B. bei den Drusen, mit über 50% bei einigen Bewohnern im Nordwesten Kanadas). 4. Reinkarnationen innerhalb derselben Familie treten oft auf z.B. in Burma und bei den Eskimos, sehr selten jedoch in anderen Kulturen. 5. Das Zeitintervall vom Tod bis zur nächsten Geburt ist kulturell variabel. In manchen Regionen ist das mittlere Intervall vier Monate lang, in anderen sechs, neun, achtzehn oder 48 Monate. Wie auch bei den vorherigen zwei Punkten steht das Auftreten dieses Merkmals in einem engen Zusammenhang mit dem, was in der jeweiligen Kultur geglaubt wird. 6. Es gibt „Ankündigungsträume" in allen Kulturen – d.h. Träume, in denen die werdende Mutter Informationen erhält über die Identität des ungeborenen Kindes, d.h. wer wiedergeboren wird –; derartige Träume sind besonders häufig beispielsweise in Burma und bei den Ureinwohnern Nordamerikas. 7. In den meisten Kulturen sind Geburtsmerkmale, die eine Beziehung zur früheren Person haben oder mit dem vorherigen Tod in Zusammenhang stehen, bekannt, besonders häufig jedoch beispielsweise bei den Eskimos und in Burma.

Fallbeispiel Swarnlata

Zur Illustration des Reinkarnationsphänomens soll detailliert zunächst ein Fall aus Indien dargestellt werden und später ein Fall aus Europa. Der erste Fall ist einer der interessantesten der von Stevenson beschriebenen Fälle, auch weil das Untersuchungssubjekt behauptet, sich an zwei frühere Inkarnationen zu erinnern (Stevenson 1986: 86-109). Swarnlata wurde geboren am 2. März 1948, ist die Tochter von M. Mishra, einem Assistenten im Amt eines Distriktschulinspektors und lebte während der hier behandelten Zeit in verschiedenen Städten in Madhya Pradesh, Indien. Ab etwa dreieinhalb Jahren begann sie, angebliche Erinnerungen über ein früheres Leben als Biya, Tochter einer Familie namens Pathak, in Katni (Madhya Pradesh) und, wie sie später erzählte, Ehefrau von Sri Chintamini Pandey aus Maihar (nördlich von Katni gelegen), zu haben. Die Mishra Familie wohnte nie näher als etwa hundert Meilen bei Katni.

Swarnlata berichtete ihre Erinnerungen zunächst hauptsächlich ihren Brüdern und Schwestern, teilweise auch den Eltern, 1958 gab sie an, eine Frau Srimati Agnihotri aus Katni als Bekannte aus ihrem früheren Leben wiederzuerkennen, was dazu führte, dass ihr Vater damit begann, Aufzeichnungen von den angeblichen Erinnerungen zu machen. Im März 1959 untersuchte Sri Banerjee, ein indischer Parapsychologe, den Fall, fuhr nach Katni und war aufgrund von Swarnlatas Beschreibung in der Lage, das Haus der Familie Pathak ausfindig zu machen. Im Sommer 1959 reisten Mitglieder der Pathak Familie und der Familie von Biyas Ehemann zu Swarnlatas Haus und prüften ihre Erinnerungen, wobei sie mehrere Male vergeblich versuchten, sie zu täuschen. Beide Parteien hatten vorher keinen Kontakt miteinander gehabt. Kurze Zeit später reiste Swarnlata nach Katni und Maihar, wo Biya gelebt hatte, und wiedererkannte mehrere Personen und Plätze. Die Familien Pathak und Pandey akzeptierten daraufhin Swarnlata als Wiedergeburt von Biya. Stevenson untersuchte 1961 vier Tage lang den Fall und interviewte fünfzehn der beteiligten Personen einschließlich Swarnlata. Ein Dolmetscher war meist nicht nötig, da viele Inder englisch beherrschen. 1971 traf er nochmals Swarnlata, die inzwischen den Universitätsabschluss Master of Science in Botanik erreicht hatte. Im Folgenden wird eine Zusammenfassung verschiedener Äußerungen und Wiedererkennungen von Swarnlata gegeben (entnommen aus Gauld 1983: 178f und Stevenson 1986: 90f). Die ersten 18 Äußerungen machte Swarnlata, bevor sie ein Mitglied ihrer früheren Familie getroffen hatte, und die Punkte 6, 13 und 14 ermöglichten 1959 Sri Banerjee, Pathaks Haus zu finden; einige Punkte aus Stevensons Tabelle wurden ausgelassen.

1)
<u>Vorgang</u>
Sie gehörte zu einer Familie Pathak in Katni.

<u>Informant</u>
M. L. Mishra, Swarnalatas Vater

<u>Bestätigung</u>
Rajendra Prasad Pathak, Biyas Bruder

2)
<u>Vorgang</u>
Sie habe zwei Söhne gehabt, Krishna Datta und Shiva Datta.

M. L. Mishra

Bestätigung
Ungenau. Murli Pandey, Biyas Sohn. (Biya hatte zwei Söhne; der eine hieß Murli, was ein anderer Name für Krishna ist, der andere hieß Naresh. Die angegebenen Namen waren jedoch Namen von anderen Familienmitgliedern.)

3)
Vorgang
Ihr Name sei Kamlesh gewesen.

Informant
M. L. Mishra

Bestätigung
Ungenau. (Die Angabe bezog sich auf das andere angebliche Leben, an das sie sich erinnerte; später lernte sie beide Leben zu unterscheiden.)

4)
Vorgang
Ihr Name sei Biya gewesen.

Informant
Krishna Chandra, Swarnlatas Bruder

Bestätigung
Rajendra Prasad Pathak

5)
Vorgang
Das Haupt der Familie sei Sri Hira Lal Pathak gewesen.

Informant
M. L. Mishra

Bestätigung
Ungenau. (Biyas Vater war Sri Chhikori Lal Pathak; ihr ältester Bruder

und das Haupt der Familie, als sie starb, Sri Hari Prasad Pathak. Der angegebene Name scheint eine Verschmelzung beider Namen zu sein.)

6-14)
<u>Vorgang</u>
Das Pathak Haus war weiß; es hatte vier mit Stuck verzierte Räume, während es im Übrigen weniger gut ausgestattet war; die Türen waren schwarz, mit eisernen Gittern versehen; der Vorderflur des Hauses bestand aus steinernen Platten; die Familie besaß einen Kraftwagen; es gab eine Mädchenschule hinter dem Haus; von dem Haus konnte man eine Bahnlinie und Kalköfen sehen.

<u>Informant</u>
M. L. Mishra

<u>Bestätigung</u>
Rajendra Prasad Pathak. I. Stevenson (persönliche Beobachtung). Alles richtig.

15)
<u>Vorgang</u>
Ihre Familie habe in Zhurkutia Mohalla gewohnt.

<u>Informant</u>
M. L. Mishra

<u>Bestätigung</u>
M. L. Mishra; Murli Pandey, Swarnlatas Sohn. (Der Distrikt hatte früher den Namen Zharratikuria, Swarnlata hatte also den Namen leicht entstellt.)

16)
<u>Vorgang</u>
Sie hatte Schmerzen im Hals und sei an einer Halskrankheit gestorben.

<u>Informant</u>
M. L. Mishra

107

Falsch. Rajendra Prasad Pathak. (Sie wurde wegen Halsbeschwerden behandelt, starb aber einige Monate später an einem Herzleiden.)

17)
Vorgang
Dr. S. C. Bhabrat aus Napiertown in Jabalpur habe sie behandelt.

Informant
M. L. Mishra

Bestätigung
Ungenau. Murli Pandey. (Der Name des Arztes war S. E. Barat.)

18)
Vorgang
Sie war einmal mit Srimati Agnihotri zu einer Hochzeit im Dorf Tilora
gegangen, und sie hatte Mühe, einen Abort zu finden.

Informanten
M. L. Mishra; Krishna Chandra

Bestätigung
M. L. Mishra; Krishna Chandra

19)
Vorgang
Wiedererkennen von Sri Hari Prasad Pathak, Biyas Bruder.

Informanten
M. L. Mishra; Hari Prasad Pathak, Biyas Bruder

Bestätigung
Sri Hari Prasad Pathak erschien unangemeldet im Hause Mishra in
Chhatarpur. Er stellte sich Sri Mishra nicht vor. Swarnlata nannte ihn
zuerst Hira Lal Pathak, erkannte ihn aber als ihren jüngeren Bruder wieder. Dann nannte sie ihn richtig «Babu», der Name, unter dem Biya ihn
gekannt hatte.

20 und 21)

<u>Vorgang</u>
Wiedererkennen von Sri Chintamini Pandey, Biyas Ehemann, und von
Sri Murli Pandey, Biyas Sohn.

<u>Informanten</u>
M. L. Mishra; Murli Pandey

<u>Bestätigung</u>
(Die beiden anonymen Besucher waren mit neun anderen Männern zugegen, von denen einige Swarnlata bekannt und einige unbekannt waren.
Sie wurde gebeten, sie alle zu benennen. Als sie zu Sri Chintamini Pandey
kam, sagte sie, sie habe ihn in Katni und Maihar gekannt und blickte ver-
schämt, wie das Hindufrauen in Anwesenheit ihrer Männer tun. Sie identifizierte Murli, obwohl er nahezu 24 Stunden lang entgegen ihren Ein-
wendungen darauf bestand, nicht Murli zu sein, sondern jemand anderes.)

22)

<u>Vorgang</u>
Nichtwiedererkennen eines Biya nicht bekannten Fremden.

<u>Informant</u>
Murli Pandey

<u>Bestätigung</u>
(Murli hatte einen Freund mitgebracht und versuchte erfolglos, Swarnlata zu überreden, dieser sei Biyas Sohn Naresh.)

23)

<u>Vorgang</u>
Sri Chintamini Pandey habe 1200 Rupien aus einer Kassette genommen,
in der sie Geld aufbewahrt hatte.

<u>Informant</u>
Murli Pandey

<u>Bestätigung</u>
Murli Pandey. (Dies war Murli Pandey von Chintamini erzählt worden.
Niemand außer ihm und Biya wussten davon.)

29)
<u>Vorgang</u>
Wiedererkennen des Kuhhirten der Familie.

<u>Informanten</u>
Brij Kishore Pathak, Biyas vierter Bruder; Krishna Chandra

<u>Bestätigung</u>
(Wurde für Swarnlata als besonders schwieriger Test für das Wiedererkennen veranstaltet. Sri Brij Kishore Pathak versuchte wiederum erfolglos, Swarnlata einzureden, der Kuhhirte sei gestorben.)

32)
<u>Vorgang</u>
Nachfrage nach einem Nimbaum, der früher auf dem Hausgrundstück stand.

<u>Informant</u>
Rajendra Prasad Pathak

<u>Bestätigung</u>
Rajendra Prasad Pathak. (Dieser Baum war wenige Monate vor Swarnlatas Besuch bei einem Sturm entwurzelt worden und wurde dann beseitigt.)

33)
<u>Vorgang</u>
Nachforschungen nach einem Geländer hinter dem Haus.

<u>Informant</u>
Rajendra Prasad Pathak

<u>Bestätigung</u>
Rajendra Prasad Pathak. (Dieses Geländer war nach Biyas Tod entfernt worden.)

34)
<u>Vorgang</u>
Zurückweisung der Behauptung, Biya habe ihre Zähne verloren gehabt,

und Richtigstellung dahingehend, dass sie goldene Nägel in ihren Schneidezähnen gehabt habe.

<u>Informanten</u>
Rajendra Prasad Pathak; M. L. Mishra

<u>Bestätigung</u>
**Rajendra Prasad Pathak; M. L. Mishra. (Sri Brij Kishore Pathak hat ver-
sucht, Swarnlata zu täuschen, indem er fälschlich behauptete, Biya hätte
ihre Zähne verloren gehabt. Swarnlata bestritt das und bestand darauf,
sie habe goldene Füllungen in ihren Schneidezähnen getragen. Die Brüder Pathak konnten sich daran nicht erinnern und fragten ihre Ehe-
frauen, die Swarnlatas Äußerungen mit Bezug auf Biya als richtig bestä-
tigten.)**

Zum Verhalten von Swarnlata ist interessant zu erwähnen, dass sie sich in der
Mishra Familie wie ein Kind benahm, aber wenn sie mit den Pathaks zusammen war wie die ältere Schwester ihrer „Brüder" und wenn sie mit den Kindern ihres „früheren" Lebens allein war wie eine Mutter. Weder Rajendra Prasad Pathak (Biyas zweiter Bruder) noch Murli Pandey (ihr Sohn) hatten an
Reinkarnation geglaubt, bevor sie Swarnlata kennenlernten.

Biya war 1939 gestorben und die Zeitspanne von fast 10 Jahren bis zur angeblichen Wiedergeburt ist für diese Fälle ungewöhnlich, aber Swarnlata hat zusätzliche fragmentarische Erinnerungen an ein Leben während dieser Zwi-
schenzeit. Angeblich lebte sie während dieser Zeit in Sylhat im Staate Assam
(jetzt Bangladesh) und hieß Kamlesh. Eine vollständige Untersuchung ihrer
diesbezüglichen Angaben war nicht möglich, einige Äußerungen passen jedoch zur Geographie dieser Gegend. Swarnlata war in der Lage, Tänze und
Gesänge aufzuführen, die scheinbar aus diesem Leben stammen. Die Gesänge
waren in Bengali (Swarnlata spricht Hindi), sind somit ein Beispiel für rezitative Xenoglossie. Stevenson bespricht in seinem Bericht ausführlich die
Frage, ob Swarnlata die Tänze und vor allem die bengalischen Gesänge vor
dem Alter von fünf Jahren, als sie damit begann, gelernt haben könnte (etwa
indem sie einen Film in einer Fremdsprache gesehen, es im Radio oder anderweitig gehört haben könnte), aber Stevenson hält es für unwahrscheinlich,
dass sie es auf herkömmliche Weise gelernt hatte.

Soweit die Zusammenfassung des Falles Swarnlata, woran sich nun die Frage
anschließt, wie die vorliegenden Fakten zu erklären sind. Stevenson bespricht
am Ende seines Buches in Bezug auf alle im Buch angeführten Fälle die verschiedenen Deutungsmöglichkeiten, wobei er insbesondere auf den Swarn-

111

lata-Fall immer wieder eingeht. Bei der Deutung von angeblichen Reinkarnationsfällen sind vor jeder paranormalen Hypothese mehrere andere Faktoren zu bedenken: Gedächtnisverzerrungen mit Übertreibungen, Betrug und Kryptoamnesie. Gedächtnisfehler sind natürlich in allen von Stevenson untersuchten Fällen aufgetreten, auch ist die Versuchung zu übertreiben nie auszuschließen, aber insbesondere im Fall Swarnlata kann das nur ein geringfügiger Faktor gewesen sein, denn viele Äußerungen Swarnlatas wurden schon vor dem ersten Treffen der beiden Familien aufgeschrieben und an einen nichtbeteiligten Untersucher weitergegeben. Die Möglichkeit von Betrug wird ebenfalls von Stevenson besprochen, er hält aber auch dies als Erklärung des Falles Swarnlata für unwahrscheinlich. Swarnlata und ihr Vater profitierten von dem Fall nicht auf finanzielle Weise, erlangten dadurch jedoch wohlwollende öffentliche Aufmerksamkeit. Das Problem der Betrugshypothese ist, wie Swarnlata oder ihre Familie so detaillierte und persönliche Informationen über das Privatleben der Pathaks hätten erhalten können. Ein weitverzweigtes Komplott unter allen Zeugen hält Stevenson für unwahrscheinlich, weil eine angesehene Familie wie die Pathaks sich kaum auf einen Schwindel einlasse, bei dem eine große Anzahl von Zeugen mitspielen muss, von denen jeder später wieder umfallen könnte.

Nach der Theorie der Kryptoamnesie hätte das Kind irgendwie einen Menschen oder eine andere Wissensquelle kennengelernt, die im Besitz der Informationen über die angebliche frühere Familie war, hätte dadurch diese Informationen erhalten, aber später sowohl die Quelle der Informationen vergessen als auch die Tatsache, dass es diese einmal erlangt hatte, obgleich es sich an die Informationen selbst erinnert und sie später in dramatischer Form als aus einem früheren Leben stammend offenbart. Auch diese Alternativerklärung scheint nach Stevenson im vorliegenden Fall unwahrscheinlich zu sein, denn beide Familien leugneten jede vorhergehende Bekanntschaft miteinander, und sie lebten nie näher als 100 Meilen entfernt voneinander. Erwähnenswert ist jedoch, dass Swarnlatas Mutter aus einer Gegend stammt, wo die Pathak Familie Geschäftsinteressen verfolgte, dass außerdem ihr Mädchenname ebenfalls Pathak war (obwohl ihre Familie keine Verwandtschaft mit den Pathaks von Biya hatte), dass ein Bruder Biyas Bekanntschaft mit einem Cousin von Swarnlatas Mutter hatte und dass die Mishras bei Reisen von Zeit zu Zeit durch Katni kamen. Über derartige Informationswege würden aber kaum solche intimen Details weitergegeben, wie Swarnlata sie wusste, auch könnte dies nicht Swarnlatas Wiedererkennungen erklären; es müsste also zusätzlich bewusster Betrug mit eine Rolle spielen, wofür aber ansonsten – wenn man Stevenson vertrauen kann – keine Hinweise und keine Motive erkennbar seien.

Nach den normalen Alternativerklärungen für die angeblichen Erinnerungen ist noch zu bedenken, ob es sich statt um Wiedergeburt um außersinnliche Wahrnehmungen oder beispielsweise um Besessenheit von Geistern ähnlich den Behauptungen bei den Medienkundgebungen handeln könnte. Bei der ASW-Erklärung wird angenommen, dass die „wiedergeborene" Person alle Informationen über die frühere Persönlichkeit durch ASW (hauptsächlich durch Telepathie) von Lebenden, aber eventuell auch durch Retrokognition (dem Vergangenheitspendant zur Präkognition) erlangt habe. Stevenson und auch Gauld führen gegen diese Theorie folgende Argumente an. Als erstes Argument wird angeführt, dass bei den meisten der von Stevenson untersuchten Kinder diese keine paranormalen Fähigkeiten erkennen ließen. Kritiker (z.B. Hick 1994: 377) können hierauf erwidern, dass ASW von Stevenson nie im Labor getestet worden ist. Aber wenn die Kinder doch solche exzellenten ASW-Fähigkeiten gehabt hätten, warum erwarben sie dann Informationen nur über eine Person oder wie bei Swarnlata über zwei Personen, mit denen sie sich identifizierten, und nicht über mehrere und über Lebende und Freunde? Swarnlata hatte allerdings einmal einen Traum, in dem ein früherer „Bruder", Biyas ältester Bruder, das Haus in Katni verließ und in einem anormalen Zustand war, und nach einer Woche erfuhr sie, dass er tot war (Stevenson 1986: 108). Ein weiteres Argument der Autoren gegen eine reine ASW-Erklärung des Falles Swarnlata und anderer Fälle ist, dass die Kinder manchmal besondere Fähigkeiten zeigten, die nur durch Übung und nicht allein durch ASW erlangt werden könnten. Bei Swarnlata waren das ihre Tänze, die sie zusammen mit Gesängen in bengalischer Sprache aufführte. Und schließlich spielt hier ebenso wie bei den Medienkundgebungen die Struktur der geäußerten Informationen eine Rolle: In manchen Fällen hätten die Informationen von mehreren lebenden Personen telepathisch erworben werden müssen und dann jeweils auch nur solche, die zur verstorbenen Person passten, was sehr ungewöhnlich wäre. Über die ASW-Hypothese im Fall Swarnlata urteilt Stevenson (1986: 355) folgendermaßen:

„Die Brüder Pathak kannten die Tatsachen über die Veränderungen im Hause Pathak in Katni und fast alle anderen Tatsachen über Ereignisse in Katni, an die sich Swarnlata offenbar erinnert hatte, obgleich die Brüder sich nicht an die Goldfüllungen in den Zähnen ihrer Schwester Biya erinnerten. Es ist aber außerordentlich unwahrscheinlich, daß sie etwas über die Latrinenepisode wußten, die Swarnlata der Srimati Agnihotri erzählt hatte, und es ist gleichermaßen unwahrscheinlich, daß sie etwas von dem Geld wußten, das Biya von ihrem Ehemann weggenommen worden war. Er hatte aus naheliegenden Gründen niemandem etwas davon erzählt. Nun ist es denkbar, daß Swarnlata verschiedene Informations-

punkte von verschiedenen Personen «abzapfte», von denen jede als Agent für einen oder ein paar Punkte, aber nicht für die anderen tätig war. (Ich sehe jetzt im Augenblick davon ab, daß von Swarnlata schon umfangreiches Material offenbart worden war, bevor sie oder ihre Familie irgendeinen Kontakt, soweit man wußte, mit Mitgliedern der Familie Pathak hatten oder mit Personen, die wiederum diese kannten.) Sie müßte dann von jedem einzelnen durch außersinnliche Wahrnehmung etwas erfahren haben, was ihm gemeinsam mit Biya bekannt war. Was aber dann beachtenswert ist, ist der Charakter der Informationen, die sich Swarnlata so verschaffte. Bei ihren Angaben wurde von Swarnlata nur das behauptet, was Biya bekannt war und was sich vor deren Tod zugetragen hatte. Wir müssen irgendwie eine Erklärung finden nicht nur für die Übertragung der Informationen auf Swarnlata, sondern quasi für die Organisation dieser Informationen in ihrem Bewußtsein, die derjenigen im Bewußtsein Biyas in ihrer Struktur ganz ähnlich war.“

Auf das Argument der selektiven Struktur der Informationen könnten Kritiker wieder genauso antworten wie bei den Medienkundgebungen, nämlich dass in einem Weltgeist die Informationen personenspezifisch gespeichert und deshalb zusammen abrufbar sein könnten, was auch Mattiesen als theoretische Möglichkeit akzeptierte. Bei kleinen Kindern im normalen Wachzustand scheint das aber nicht sehr plausibel zu sein, jedoch schreibt Stevenson an einer Stelle (1977: 181), die Äußerungen der Kinder erinnerten ihn oft an Träume und Delirien. Eine denkbare Alternative hierzu wäre eine retrokognitive außersinnliche Wahrnehmung direkt von der verstorbenen Person, eventuell ausgelöst durch ein psychometrisches Objekt, mit dem das Kind irgendwie Kontakt hatte (s. Roll 1982: 195). Andererseits sind jedoch Swarnlatas Tänze und Gesänge sicherlich ein sehr wichtiges Argument auf Seiten der Reinkarnationsvertreter.

Neben der ASW-Hypothese wird eine zweite alternative Erklärung besonders von Spiritisten, welche oftmals gegen die Wiedergeburt eingestellt sind, vorgebracht. Viele Spiritisten glauben, dass Menschen von Geistern besessen sein können; insbesondere viele Medien der Trancesitzungen seien zeitweise von Verstorbenen besessen und ebenso seien auch die Kinder der scheinbaren Reinkarnationsfälle von dem Geist der früheren Persönlichkeit besessen und keine tatsächliche Wiedergeburt. Viele Parapsychologen sind jedoch der Meinung, dass eine Besessenheit bislang noch nie überzeugend nachgewiesen werden konnte (zumindest außerhalb von Séancen), und der einzige bekannte und interessante Fall einer angeblichen Besessenheit ist der in Kapitel 5.4.3 vorgestellte Thompson-Gifford Fall, der sich jedoch nach Gaulds Meinung

(1983: 186) in mehrfacher Hinsicht von Reinkarnationsfällen unterscheidet:
a) Thompson hatte mehrfach den Eindruck der Präsenz einer anderen Person;
b) seine Gemälde verfertigte er oft im Zustand einer Dissoziation, nach der er
teilweise einen Gedächtnisverlust hatte; c) die Szenen seiner Gemälde erlebte
er, als würden sie ihm von einer äußeren Quelle dargeboten; d) die als äußere
Präsenz erlebte Persönlichkeit schien mit ihm zu kommunizieren; e) die angefertigten Gemälde erlebte er nicht als früher Erlebtes, nicht als Erinnerungen;
f) Medien, zu denen Thompson gebracht wurde, beschrieben die Anwesenheit
des Verstorbenen Gifford; g) Thompson identifizierte sich nie derartig mit
Gifford, dass er dessen Familie und Besitz als ihm gehörend betrachtete. Im
Gegensatz zu diesen Abweichungen von den Reinkarnationsfällen berichtet
jedoch Mattiesen (1987 I: 246), wie in Abschnitt 5.4.3 zitiert, dass Thompson
zuweilen während des Malens glaubte, Gifford zu sein (vgl. auch Stevenson
2005: 386).

Aus diesen und weiteren Gründen nehmen Gauld und Stevenson an, dass Besessenheit als Erklärung der angeblichen Wiedergeburtsfälle unwahrscheinlich sei. Medienkundgebungen in Séancen werden von Spiritisten in einigen
Fällen als Besessenheit gedeutet, in anderen Fällen hingegen als *Telepathie*
von Verstorbenen, und gegen eine solche mediumistisch-telepathische Theorie als Erklärung seiner Reinkarnationsfälle führt Stevenson (zitiert nach Roll
1982: 195f) an, dass erstens Trance-Medien in der Regel in einem veränderten
Bewusstseinszustand sind, wohingegen die Kinder der von ihm untersuchten
Fälle in der Regel im normalen Wachheitszustand waren, dass zweitens solche
Trance-Medien, die selbst zusätzlich Wiedergeburtserinnerungen hatten,
beide Phänomentypen als unterschiedlich beurteilten, und dass drittens Medien mit einer großen Vielzahl von angeblichen Persönlichkeiten kommunizieren, seine Kinder aber nur Erinnerungen an ein oder zwei Persönlichkeiten
hatten.

Trotz all dieser denkbaren Einwände gegen die Reinkarnationsinterpretation,
die Stevenson selbst bespricht, äußert Stevenson zu Beginn seines Buches
(1986: 17) seine Auffassung, dass einige seiner Fälle die Reinkarnation nicht
nur nahe legen, sondern sogar zu beweisen scheinen, und am Ende seines Buches wird deutlich, dass er den Fall Swarnlata zu den besten zählt. Zu seinen
Hauptargumenten, wie er sie am Ende des Buches (ebd. S. 384f) zusammen-
fasst, zählen, dass ASW das Muster der geäußerten Informationen nicht befriedigend erklären könne, vor allem aber nicht die dargebotenen Fertigkeiten
wie Tänze und fremdsprachige Gesänge, und ebenso nicht die langjährige
Identifizierung mit der verstorbenen Person. Was die Identifizierung mit der
verstorbenen Person betrifft, erwähnt er aber selbst (ebd. S. 364), dass auch

Sensitive und Medien sich manchmal mit lebenden oder toten Menschen identifizieren, wenn sie die Erlebnisse dieser Menschen beschreiben, diese Identifizierungen sind aber nur kurzzeitig und erstrecken sich nicht über mehrere
Jahre.

Fallbeispiel Helmut Kraus

Als zweite Illustration des Phänomentyps spontaner Erinnerungen an frühere
Leben soll nun zum Abschluss dieses Abschnittes ein Fall aus Europa vorgestellt werden (Stevenson 2005: 167-171), allerdings ohne im Anschluss daran
auf Kritiken und Gegenkritiken einzugehen. Wie Stevenson selbst einräumt
(ebd. S. 392), sind die europäischen Fälle in ihrer Beweiskraft für einen paranormalen Vorgang insgesamt viel schwächer als die stärkeren Fälle aus Asien;
der Fall Helmut Kraus ist für ihn der einzige europäische Fall, in dem die angebliche frühere Persönlichkeit identifiziert und einige Informationen durch
nicht im Fall beteiligte Personen bestätigt werden konnten (ebd. S. 391).[6]

Helmut Kraus wurde 1931 in Linz, Österreich, geboren, sein Vater war Bio-
logielehrer an einer höheren Schule und es gab keine Soldaten in der Familie.
Ab dem Alter von vier Jahren sprach Helmut häufig über ein früheres Leben
und seine Bemerkungen pflegte er einzuleiten mit Worten wie „Früher, als ich
groß war ...“, was bei Reinkarnationsfällen oft vorkommt. So sagte er einmal,
als ihn eine Freundin der Familie (Helga Ullrich) vom Kindergarten nach
Hause brachte: „Als ich groß war, wohnte ich in der Manfredstraße 9.“ Helga
Ullrich hatte eine Freundin, Anna Seehofer, die in der Manfredstraße 9
wohnte, diese erkundigte sich nach Männern, die dort gewohnt hatten, und
weitere Aussagen des kleinen Helmut gaben Veranlassung zu der Vermutung,
dass sich seine Erinnerungen auf das Leben ihres Cousins General Seehofer
bezogen.

1958 erfuhr Karl Müller, welcher Fälle angeblicher Wiedergeburt erforschte,
von diesem Fall und stellte einige Untersuchungen an, worüber er Stevenson
unterrichtete, der 1965 Helga Ullrich interviewte und später General

---

[6] Ebenfalls recht gut untersucht und insgesamt noch interessanter ist der in Deutschland sich zugetragene Fall von Ruprecht Schulz, der aber zu verwickelt ist, um hier in
Kürze dargestellt werden zu können (s. Stevenson 2005: 324-345).

Seehofers Leben und Tod erkundete; Kontakt zu Helmut Kraus hatte Stevenson jedoch nicht.

Werner Seehofer wurde 1868 in Preßburg (Österreich-Ungarn) geboren, lebte einige Zeit in Wien, war ab 1902 Oberst im Generalstab in Linz, wurde im 1. Weltkrieg im Januar 1918 zum General befördert und war Kommandeur einer Division an der Italienfront. Im Juni 1918 verließ er bei einer Offensive sein Hauptquartier, ging an die Frontlinie, wo er verwundet wurde und in die italienische Gefangenschaft geriet. Wenig später starb er an seinen Verletzungen – vermutlich an einer Kopfverletzung – im Alter von fast fünfzig Jahren.

Helmut gab an, „hoher Offizier im großen Krieg" gewesen zu sein, sagte aber nie, dass er General gewesen sei oder Seehofer geheißen hätte. Er machte jedoch mehrere weitere Aussagen, die auf General Seehofer hindeuten. Bei einer Gelegenheit sagte er: „Als ich groß war, lebte ich mehrere Jahre in Wien.", und er nannte die Straße und Hausnummer einer Wohnung dort. Anna Seehofer bestätigte die Richtigkeit dieser Aussage für den General. Helmut gab angeblich auch korrekt die Adresse in Linz an, wo seine Schwiegerfamilie gewohnt hatte. Zusätzlich zu diesen angeblichen Erinnerungen zeigte Helmut Verhaltensweisen, die zu seinen angeblichen Erinnerungen passen. So bestand er darauf, dass sein Mantel zugeknöpft wurde, denn, so sagte er, „ein Offizier darf nicht mit offenem Mantel umhergehen." Andererseits hatte er Angst vor lauten Geräuschen, zum Beispiel vor Gewehrschüssen, was aber zum Tod des Generals durch eine Kopfverletzung an der Front passt. Als Erwachsener entschloss sich Helmut nicht für ein Leben beim Militär und ging in die Gastronomie.

5.5.3 Einwände gegen die Reinkarnationsdeutung

In den beiden vorherigen Abschnitten ist bereits erwähnt worden, dass die Kritiker der Reinkarnationsdeutung die unter Hypnose geäußerten angeblichen Erinnerungen für reine Erfindung des hypnotischen Zustandes halten, die größtenteils durch die Suggestionen des Hypnotiseurs herbeigeführt werden. Mitteilungen, die sich nachträglich als wahr erwiesen haben, hätten die Probanden zuvor entweder auf normalen Weg und vielleicht unbewusst erfahren – eventuell später vergessen, wären aber weiterhin im Gedächtnis gespeichert gewesen – oder hätten diese auf dem Weg der ASW erworben. Bei den spontanen Fällen von kindlichen Erinnerungen an frühere Leben mag neben ASW, Gedächtnisfehlern, Kryptoamnesie und Übertreibungen auch Betrug eine Rolle spielen.

Zusätzlich zu diesen Kritiken sind insbesondere nach Stevensons Veröffentlichungen weitere Einwände vorgebracht worden. Feldforschungen wie die von Stevenson sind naturgemäß nicht so gut kontrollierbar wie Laborexperimente und deshalb fast immer offen für methodische Kritiken. So kann an seinen Untersuchungen bemängelt werden, dass er in vielen Fällen erst viele Jahre nach dem Bekanntwerden der angeblichen Erinnerungen mit der Erforschung begann und darüber hinaus oftmals auf Dolmetscher angewiesen war, was eine Vielzahl von Fehlerquellen ermöglicht (s. Hick 1994: 373f). Selbst einer seiner früheren Mitarbeiter kritisierte die Durchführung der Forschungen und teilte in einigen der über tausend Fällen Stevensons paranormale Deutungen nicht (zitiert nach Almeder 1997: 521f). In vielen Fällen hatten die beiden Familien der aktuellen und der früheren Persönlichkeit schon Kontakt miteinander gehabt vor dem Beginn der wissenschaftlichen Untersuchung, so dass es einen umfangreichen bewussten und unbewussten Informationsaustausch gegeben haben könnte. Gegen diese Einwände kann wiederum vorgebracht werden, dass in vielen Fällen – z.B. bei Swarnlata – kein Dolmetscher nötig war und dass viele Fälle auch schon vor Stevenson von anderen Personen erforscht worden sind. Beispielsweise fand der Parapsychologe Sri Banerjee aufgrund Swarnlatas Mitteilungen das Haus der früheren Familie, bevor beide Familien einen Kontakt miteinander gehabt hatten. Die methodischen Unzulänglichkeiten werden zu Fehlern geführt haben, aber dadurch lässt sich sicherlich nicht alles, und insbesondere nicht bei den besten Fällen wie dem von Swarnlata, wegerklären. Andererseits kann man als Leser schwer beurteilen, in welchem Maße Betrug eine Rolle gespielt haben könnte (ob beispielsweise einige Asiaten, aus welchen Gründen auch immer, den Wissenschaftler aus der Imperialmacht USA absichtlich in die Irre führten); religiöse Fanatiker greifen bekanntlich noch zu ganz anderen Mitteln. Wenn Stevenson bei einigen Fällen von „Beweisen" für Reinkarnation spricht, so könnte das für ihn, der mit den beteiligten Menschen persönlich gesprochen hat, tatsächlich zutreffen; von einem wissenschaftlichen Beweis verlangt man jedoch intersubjektive Überzeugungskraft.[7]

---

[7] Von „Beweisen" spricht Stevenson auch in seinem Buch von 1999, in dem es um Geburtsnarben und Muttermale von Kindern in Relation zur vorherigen Persönlichkeit geht, was bei Echtheit ein psychosomatischer Effekt der reinkarnierenden Seele wäre. Da diese Argumentationslinie zu komplex ist, um sie hier darzustellen, und da naturwissenschaftliche Kritiker der ÜH diese „Beweise" vermutlich ohnehin nicht

In vielen Fällen gibt es eine örtliche oder persönliche Verbindung von der Familie des Kindes zur angeblich früheren Familie, wodurch unbewusst Informationen weitergegeben oder eventuell paranormale Übertragungen, z.B. durch Psychometrie, ausgelöst worden sein könnten (s. Roll 1982: 198f). So war im Fall Helmut Kraus eine Freundin der Familie Helga Ullrich, welche eine Freundin Anna Seehofer hatte, deren Cousin General Seehofer war. Bei einer derartigen Verbindungslinie vom General zu Helmut kann nicht ausgeschlossen werden, dass das Kind Gespräche über den General zufällig mitgehört hatte, wodurch entweder Informationen direkt aufgenommen wurden oder ein paranormaler Vorgang ausgelöst wurde. Und die Familie Mishra von Swarnlata kam gelegentlich auf der Durchreise nach Katni, wo die andere Familie lebte. Aber selbst wenn ASW hierbei durch irgendwelche zufälligen Umstände ausgelöst worden wären, könnte dies vermutlich noch nicht Swarnlatas Tänze und Gesänge erklären. Darüber hinaus berichtet Stevenson (1973: 133) von Fällen, in denen die beiden Familien keinerlei indirekten Kontakt haben konnten, beispielsweise von einem in Dehli geborenen Kind, das zuvor angeblich in England gelebt hatte und in London ermordet worden war (diese Fälle könnten aber andere problematische Eigenheiten besitzen).

Stevenson veröffentlichte einige wenige Fälle, in denen die angeblich frühere Person erst nach der Geburt des Kindes gestorben war, was augenscheinlich stark gegen die Wiedergeburtsthese spricht. In seinem Buch über *Reinkarnation in Europa* beschreibt Stevenson (2005: 324), dass in einem Fall das Kind etwa fünf Wochen vor dem Tod der früheren Person geboren wurde. Derartige Fälle weisen darauf hin, dass der kindliche Glaube an eine verstorbene Identität und dass die mitgeteilten Informationen auf irgendeine andere Weise als durch Erinnerungen hervorgebracht werden könnten – sowohl in derartigen Fällen als auch durch ähnliche Mechanismen in allen anderen. Auf dieses Argument der Kritiker kann von Seiten der Reinkarnationsdeutung geantwortet werden, dass Fälle der vorhergehenden Geburt extrem selten sind, und wären alle Reinkarnationsfälle allein mit Telepathie und ähnlichen paranormalen Prozessen erklärbar, dann sollte man Derartiges öfter erwarten. Gefragt werden muss auch, warum sich die Kinder nie mit noch lebenden unbekannten Personen identifizieren – während des Erinnerns sind die angeblich früheren Personen tatsächlich immer schon tot. Es kann deshalb nicht ausgeschlossen werden, dass bei den Fällen der vorangehenden Geburt die Seele des geborenen Kindes zunächst tatsächlich eine andere Person als der Verstorbene war, die dann aber von der Seele des nach der Geburt Verstorbenen aus dem

---

akzeptieren, gehe ich auf diese Argumentation hier nicht näher ein; der interessierte Leser sei aber auf dieses nicht uninteressante Buch verwiesen.

kindlichen Körper verdrängt worden ist. Das klingt natürlich höchst dubios, aber wenn man sich auf die Vorstellung von Seelen, die die Körper bewohnen und steuern, einlässt, dann ist dies ein theoretisch möglicher Vorgang. Hierzu passt auch folgender Fall aus Indien (Stevenson 1986: 51f): Bei diesem Fall glaubte die Familie Jat im Frühjahr 1954, dass ihr dreieinhalb Jahre alter Sohn Jasbir an Pocken gestorben sei, und bereitete schon die Beerdigung vor. Plötzlich bemerkte man jedoch, dass sich der Körper des Sohnes wieder bewegte und er sich wieder erholte:

„Als er die Fähigkeit zu sprechen wiedererlangte, zeigte er eine bemerkenswerte Veränderung in seinem Benehmen. Er erklärte jetzt, er sei der Sohn von Shankar aus dem Dorf Vehedi und wolle dort wieder hin. Er wolle im Hause der Familie Jat kein Essen mehr zu sich nehmen, und zwar deswegen, weil er einer höheren Kaste angehöre, er sei nämlich ein Brahmane. Diese hartnäckige Verweigerung der Nahrungsaufnahme hätte sicher einen zweiten Tod herbeigeführt, wenn nicht eine mitfühlende Brahmanenfrau, eine Nachbarin von Sri Girdhari Lal Jat, sich bereit erklärt hätte, für Jasbir nach Brahmanenart zu kochen." (Stevenson 1986: 51).

Jasbir identifizierte sich nun mit einem Mann, der im Mai 1954 bei einem Autounfall ums Leben gekommen war.

Ein weiterer oft vorgetragener Kritikpunkt an der Reinkarnationsdeutung ist, dass die meisten von Stevenson gesammelten Fälle aus Kulturen stammen, in denen der Reinkarnationsglaube verbreitet ist, was nahe legt, dass kulturelle Voreingenommenheiten eine ausschlaggebende Rolle bei der Interpretation der Fakten spielen, denn ein solch universelles Gesetz wie das von der Wiedergeburt sollte sich nicht so lokal konzentriert auswirken (Hick 1994: 374f; Almeder 1997: 520). Dass kulturelle Einflüsse eine Rolle spielen, ist bereits im vorigen Abschnitt berichtet worden. So glauben die Drusen im Libanon und andere Völker nicht an einen Geschlechtswechsel bei der Wiedergeburt und tatsächlich konnte man dort keinen solchen Fall auffinden, wohingegen in Ländern der Buddhisten und Hindus Derartiges als möglich geglaubt wird und dort tatsächlich solche Fälle auftreten (s. Stevenson 1973: 133). Erzählen die Kinder nur, was Erwachsene gern hören möchten? Dem widerspricht, dass bei einigen von Stevenson untersuchten Fällen die Eltern den Erzählungen des Kindes negativ gegenüber standen, weil sie zum Beispiel fürchteten, die Sehnsucht des Kindes nach dem früheren Leben, nach seinem ehemaligen Wohlstand, könnte das Kind von ihnen entfremden oder es könnte sogar zur früheren Familie umziehen wollen. Ein kultureller Faktor ist bei vielen Reinkarnationsfällen nicht zu leugnen, aber dieser kulturelle Einfluss allein kann nicht

Erinnerungen, Wiedererkennungen usw. erklären, so dass ein ganzes Konglomerat von Faktoren wie unbewusster kulturspezifischer Einfluss, Telepathie, Kryptoamnesie und eventuell Betrug postuliert werden müsste, wollte man der Reinkarnationsdeutung entgehen. Andererseits ist denkbar, dass es zum Beispiel auch bei denjenigen Völkern, die nicht an einen Geschlechtswechsel glauben, Wiedergeburt mit Geschlechtswechsel gibt, dass aber Kinder mit derartigen Erinnerungen nicht als Reinkarnationsfälle akzeptiert werden, es also hier eine kulturell bedingte Ignorierung gibt. Erwähnenswert ist auch, dass Buddhisten glauben, dass die eigenen Taten und Gedanken das eigene Schicksal, das Karma, beeinflussen. Glaubt beispielsweise eine Frau, dass sie nur als Mädchen wiedergeboren werden könne, so sollte dieses buddhistische „Naturgesetz", wenn es ein solches tatsächlich gäbe, dazu führen, dass die Wahrscheinlichkeit, als Mädchen wiedergeboren zu werden, größer wäre als die, als Junge geboren zu werden.

Hält man bei den Asiaten und allen anderen Völkern mit Reinkarnationsglauben eine kulturell bedingte Interpretation der Erinnerungsphänomene für möglich, dann muss man umgekehrt derartige Einflüsse natürlich auch für den Westen mit seinen Glaubensformen für möglich halten. Wenn beispielsweise in Deutschland ein dreieinhalbjähriges Kind seiner Mutter von Erinnerungen an ein früheres Leben erzählt, welches Kind würde es nicht schließlich als Einbildung hinnehmen, wenn die Mutter ihm dieses als Unsinn ausreden will? Die geringe Anzahl an Reinkarnationsfällen im Westen könnte durchaus ein kultureller Selektionseffekt sein.

In der Entwicklungspsychologie (s. Breckenridge, Vincent 1950) ist bekannt, dass im Westen kleine Kinder manchmal imaginäre Spielkameraden haben, und der Inder Chari (1978) vermutet, dass das östliche Gegenstück hierzu das Phänomen sei, dass indische und andere asiatische Kinder sich einbilden, früher schon einmal gelebt zu haben, und dass sie dadurch Erwartungshaltungen ihrer Eltern entsprechen möchten. Als Alternative dazu hält Chari es für möglich, dass die korrekt mitgeteilten Informationen der Trance-Medien und der Reinkarnationskinder lediglich zwei verschiedene Möglichkeiten seien, Psi-Informationen in die Raumzeit zu projizieren, und erst eine vollständige Psi-Theorie und eine Theorie des Überlebens könnten Aufschluss darüber geben, ob es eine Form von Überleben gibt. Chari begnügt sich jedoch bei seinen Kritiken und Alternativhypothesen mit kurzen Andeutungen und stellt leider keine umfangreichen Vergleiche von Stevensons Reinkarnationsfällen mit mediumistischen Mitteilungen und mit den spielerischen Phantasien westlicher Kinder an (zur Kritik an Chari vgl. auch Hövelmann 1985: 673). Aber trotzdem ist Charis Vergleich mit den Spielphantasien westlicher Kinder sehr interessant und sollte in Zukunft genauer untersucht werden.

Von einigen Autoren wird als ein weiteres und vielleicht sogar starkes Argument gegen die Wiedergeburtsthese angeführt, dass Babys nicht mit einer Erwachsenenpersönlichkeit geboren werden (Almeder 1997: 512; Hick 1994: 363). Wenn jemand in einem Alter von achtzig Jahren stirbt und anschließend wiedergeboren wird, sollte das Baby dann nicht eine Erwachsenenpersönlichkeit besitzen und sich dementsprechend verhalten, sobald es gehen und sprechen kann? Hierauf kann Folgendes geantwortet werden. Einerseits muss es nicht die gesamte Persönlichkeit sein, die den körperlichen Tod überdauert und wiedergeboren wird, sondern nur ein grundlegender innerer Wesenskern. Andererseits zeigen hypnotische Altersregressionen, dass Probanden, die beispielsweise zu einem Alter von zehn Jahren rückgeführt wurden, sich ähnlich wie zehnjährige Kinder fühlen und verhalten; offensichtlich kann das Unterbewusstsein auf eine geringere Altersstufe umschalten, wenn es das für angebracht hält. Außerdem fühlen sich in manchen Reinkarnationsfällen die Kinder tatsächlich sehr stark als Erwachsene (z.B. im Fall Jasbir).

Warum sind es meistens Kinder und nicht Erwachsene, die sich spontan an angeblich frühere Leben erinnern (Hick 1994: 374)? Eine mögliche Antwort ist, dass Kinder dem früheren Leben zeitlich näher stehen als Erwachsene und dass im Laufe der Jahre diese Erinnerungen von den neuen Erlebnissen überlagert werden und man die älteren dann allmählich vergisst, so wie man als Erwachsener von seinen sehr frühen Kindheitserlebnissen ebenfalls wenig weiß. Und wenn einem Erwachsenen doch einmal ein Bild aus einem früheren Leben zu Bewusstsein kommt, dann erkennt er es vermutlich nicht als eine Erinnerung, sondern hält es für reine Phantasie. (Es gibt auch seltene Fälle von angeblichen Erwachsenenerinnerungen an frühere Leben (s. Gauld 1983: 171f; Stevenson 2005: 345f; Thouless 1984: 26f), diese sind aber, soweit ich sie kenne, nicht sehr überzeugend.)

Als weiterer Einwand wird manchmal vorgebracht, die Genetik bestimme Organismuseigenschaften und deshalb auch den Charakter von Lebewesen, was in Konflikt stände mit den Charaktereigenschaften einer Seele, welche in ihrem vorherigen Leben erworben worden wären (Mattiesen 1987 III: 332; Hick 1994: 385f). Hierzu ist zu sagen, dass der Einfluss der Gene auf psychologische Merkmale von vielen Menschen überschätzt wird. Wenn Kinder in Verhalten und Einstellungen den Eltern ähnlich sind, so liegt das in erster Linie an der Erziehung und dem Vorbildcharakter des elterlichen Verhaltens. In der Psychologie ist noch sehr umstritten, in welchem Umfang die einzelnen psychologischen Merkmale von den Genen bestimmt werden und in welchem

Umfang von der Umwelt. Selbst Untersuchungen an eineiigen Zwillingen können diese Streitfrage nicht endgültig beantworten, da Menschen, die bis zur Geburt im Mutterleib eng beieinander waren, vielleicht für immer einen engen telepathischen Kontakt haben, selbst wenn sie direkt nach der Geburt vollkommen voneinander getrennt aufwachsen. Man bedenke, dass Protonen – wie in Kapitel 2 erläutert wurde – nach einer Wechselwirkung eng miteinander korrelierte Eigenschaften besitzen können. Natürlich sind Zwillinge komplexer als Protonen, aber auch hier könnte eine verborgene Beziehung weiterhin bestehen, so dass selbst bei Zwillingsuntersuchungen eine Trennung von genetisch bedingten und umweltbedingten Eigenschaften nicht völlig möglich ist, um dadurch den Anteil der genetisch bedingten Charaktereigenschaften und intellektuellen Fähigkeiten wissenschaftlich einwandfrei nachweisen zu können. Außerdem wird manchmal auf das Argument des genetischen Erbgutes erwidert, dass nach der Karma-Lehre der östlichen Philosophie das Karma bestimmt, unter welchen Umständen man wiedergeboren wird, so dass – wenn man diese Lehre einmal hypothetisch gelten lässt – man in derjenigen Physiologie wiedergeboren wird, die mit den seelischen Eigenschaften kompatibel ist.

Ein letzter zu erwähnender Kritikpunkt an der Wiedergeburtsthese ist die Frage, wie denn die Ankopplung einer nichtmateriellen Seele an einen Körper im Mutterleib oder bei der Geburt möglich sei (s. Almeder 1997: 517). Wie in den Kapiteln 1 und 3 dargelegt wurde, kann die Dynamik eines Organismus heutzutage noch nicht befriedigend physikalisch erklärt werden, und eine zukünftige Theorie der Biodynamik könnte zur Klärung der Frage nach der Ankopplung Hinweise geben. Die in den heutigen physikalischen Theorien auftretenden Naturkonstanten sind ebenfalls keine materiellen Objekte, spielen jedoch in der Dynamik eine Rolle, die in der Physik immer mehr Beachtung findet. Auf die Biodynamik werde ich im Schlusskapitel noch einmal eingehen und dabei die Theorien des theoretischen Physikers Burkhard Heim (1989, 1984, 1994) vorstellen, der eine Synthese von Allgemeiner Relativitätstheorie und Elementarteilchenphysik vorgeschlagen hat und der auf dieser Theorie aufbauend eine Theorie postmortaler Zustände vorgelegt hat, in welcher auch die Ankopplung der Persönlichkeitsentelechie an den Organismus behandelt wird.

5.6 Außerkörperliche Erfahrungen

Außerkörperliche Erfahrungen (AKE) sind Erlebnisse, bei denen jemand glaubt, sich außerhalb seines Körpers zu befinden, und er seine Umgebung von einer anderen Perspektive aus betrachtet, als er sie normalerweise von innerhalb seines Körpers hätte. Dieses Phänomen kann in dieser allgemeinen Charakterisierung zunächst nur als ein indirektes Argument für das Überleben des körperlichen Todes dienen, denn es sagt nichts über einen Nachtodzustand aus; es wird aber von Vertretern der ÜH dazu verwendet zu behaupten, es zeige, dass das Bewusstsein ohne den Körper existieren könne, was ja nach dem körperlichen Tod der Fall wäre. Beispiele für AKE wurden schon in Abschnitt 5.3 bei der Illustration der Nahtoderlebnisse gegeben, welche in der Regel mit einer AKE beginnen. Als eine weitere Illustration zitiere ich im Folgenden den Bericht eines 33-jährigen Soldaten, dem in Vietnam von einer explodierenden Mine beide Beine und ein Arm abgerissen worden waren, der dabei ein NTE hatte, später aber auch mehrere reine AKE hatte (Sabom 1982: 158f):

„Das passierte nach Vietnam. Insgesamt dreimal bis jetzt. Die äußeren Umstände waren immer die gleichen, ich glaube, das ist wichtig. Es passierte mir jedesmal dann, wenn ich drei oder vier Tage hintereinander aufgewesen bin. Ich war sehr müde und legte mich hin, um ein Schläfchen zu machen. Als ich im Bett lag, verließ ich meinen Körper nach links oben, schaute hinunter und sah, daß ich da unten lag. Ich machte jedesmal etwas anderes. Beim ersten Mal schwebte ich die Fernverkehrsstraße, an der ich wohne, hinauf und herunter. Warum, weiß ich nicht... Als ich die Straße entlangschwebte, konnte ich Autos und Leute sehen. Ich begab mich zum Seitenfenster eines Autos, das mit 60 oder 70 Meilen dahinfuhr, verharrte dort und schaute ins Wageninnere. Dann schwebte ich zu einem anderen Auto. Es war fast so, als ob ich irgend jemanden suchte, ihn aber nicht fand. Alles war ganz real... Das zweite Mal stellte sich später als wahr heraus. Neben mir wohnt eine Krankenschwester, mit der ich schon seit ungefähr zehn Jahren gut befreundet bin. Immer, wenn ich sie ärgern wollte, sagte ich ihr, daß ich bald einmal mit ihr duschen würde. Das war natürlich nur Spaß. Als ich zum zweiten Mal meinen Körper verließ, ging ich durch die Wände hindurch in ihr Bad, wo sie gerade duschte. Zwei Tage später erzählte sie mir, sie habe das Gefühl gehabt, daß ich mit ihr unter der Dusche gewesen sei. Ich sagte ihr: »Das war wohl Wunschdenken von Dir!« Dann zog ich sie noch ein bißchen

auf. Beim dritten Mal, als mir das passierte, blieb ich in der Wohnung und schwebte nur herum. Und plötzlich war ich wieder in meinem Körper. Ich weiß nicht, wie ich das erklären soll. Es will mir irgendwie nicht in den Kopf. Auf einmal war ich nicht mehr außerhalb meines Körpers, sondern wieder drin. Ich habe keine Erklärung dafür. Wenn ich das weitererzählen würde, würde man mich bestimmt für verrückt halten. Ich bin im Vollbesitz meiner geistigen Kräfte, aber ich habe keine Erklärung für dieses Phänomen... Ich nahm alles ganz deutlich wahr, so deutlich, wie ich Sie jetzt sehe."

Über das AKE-Phänomen sind von mehreren Forschern umfangreiche Befragungen in der Bevölkerung durchgeführt worden (s. Roll 1982: 254f; Rogo 1985: 22f). Der bereits in Abschnitt 5.1 über Erscheinungen zitierte Soziologe Hornell Hart befragte Anfang der 50er Jahre 155 Studenten der Duke Universität in North Carolina zu dem Phänomen der Loslösung vom Körper und fand heraus, dass 27 Prozent von ihnen ein derartiges Erlebnis schon einmal gehabt hatten, wohingegen der schon in Abschnitt 5.2 über Sterbebett-Visionen zitierte Parapsychologe Erlandur Haraldsson und seine Kollegen in den 70er Jahren entdeckten, dass 8 Prozent von ungefähr 902 befragten Erwachsenen ein derartiges Erlebnis mindestens einmal gehabt hatten.

Die ebenfalls schon in Kapitel 5.1 zitierte Celia Green führte in England Studien über AKE durch. 1966 ließ sie über die Massenmedien einen Aufruf zum Einsenden derartiger Berichte verbreiten, woraufhin ungefähr 400 Personen antworteten. Auf der Grundlage dieser Erfahrungsberichte beschreibt sie in ihrem Buch (Green 1968) detailliert das AKE-Phänomen, wovon ich hier kurz einige Resultate zusammenfasse. Außerkörperliche Erfahrungen, die Green als eksosomatische Erfahrungen bezeichnet, können nach dieser Studie auftreten, wenn die betreffende Person schläft, wenn sie infolge eines Unfalls oder einer Anästhesie bewusstlos ist, aber auch wenn sie im normalen Wachbewusstsein ist und beispielsweise spazieren geht oder Hausarbeiten ausführt. AKEs wurden berichtet von Menschen von fast allen Altersstufen, manche können das Phänomen willentlich induzieren oder, wenn es spontan auftritt, zu einem gewissen Grad kontrollieren, und beim spontanen Auftreten hat oftmals zuvor psychologischer oder körperlicher Stress (z.B. bei einem Unfall oder bei einer Krankheit) vorgelegen. Beim eksosomatischen Zustand kann es vorkommen, dass man glaubt, in einem alternativen Körper, der dem physikalischen Körper sehr stark gleichen kann, zu sein (was Green als parasomatischen Zustand bezeichnet) oder auch in einem sogenannten asomatischen Zustand, bei dem man überhaupt nicht mit einer räumlichen Entität verbunden zu sein scheint. Der parasomatische Körper wird manchmal beschrieben als

„exaktes Duplikat", als „Ebenbild" oder als ähnlich einem „Zwilling" und habe in der Regel eine normale Bekleidung. Der parasomatische Körper muss aber kein Ebenbild des physikalischen sein, es kann sich hierbei auch um ein anderes räumliches Gebilde handeln, so berichten manche Menschen Folgendes (ebd. S. 32): Man hatte keinerlei Substanz, sondern erlebte eine Kontrollregion mit einer ovalen Form; oder man stieg aus seinem Körper wie eine weiße Wolke mit der Form des physikalischen Körpers, aber ohne Gewicht; oder man fühlte sich eingeschlossen in einem kleinen Kreis; fühlte sich wie ein einziges Auge; wie ein Blatt Papier, das über dem physikalischen Körper schwebte usw. In einigen Fällen, bei denen die Personen sensorische Gebrechen hatten, funktionierten diese Sinneswahrnehmungen beim parasomatischen Körper wieder: Taube konnten hören, Blinde sehen u.a. In Greens Studie waren aber parasomatische Fälle seltener als asomatische, bei denen die Personen sich als körperloses Bewusstsein empfanden. Ihren physikalischen Körper können eksosomatische Personen von einer Auswärtsperspektive sehen und diesen in der Regel klar und deutlich, wenn sie die entsprechende Perspektive einnehmen. Obwohl sie sich nicht mehr mit ihren Körpern identifizieren und auf ihn bezogen nur noch eine äußere Beobachterrolle einnehmen, können sie manchmal unter großer Willensanstrengung Teile dieses physikalischen Körpers bewegen, oftmals gelingt ihnen das jedoch nicht. Während ihrer eksosomatischen Erfahrung kann ihr physikalischer materieller Körper auch unwillentlich komplexe Handlungen weiterhin ausführen, beispielsweise weiterhin Motorrad fahren, wenn die AKE während dieser Aktivität auftritt. Am häufigsten kommt es bei der AKE nur zu einer visuellen Wahrnehmung der Umwelt, diese kann aber auch fehlen oder zusammen mit Gehör, Geruch und anderen Sinnesqualitäten auftreten, und die Umwelt wird üblicherweise als vollkommen realistisch erlebt. Gibt es in der Umwelt einen Spiegel, so wird in manchen Fällen der parasomatische Körper im Spiegel gesehen, in anderen Fällen jedoch nicht. Manche Wahrnehmungen erscheinen unrealistisch, wenn beispielsweise die Umwelt nachts bei Dunkelheit detailliert wahrgenommen werden kann oder wenn der parasomatische Körper durch Wände geht. Auch kann sich die Zeitwahrnehmung sehr stark ändern; die Wahrnehmung mag wie eingefroren oder zeitlos erscheinen. In Bezug auf ihren physikalischen Körper empfinden manche Menschen weiterhin irgendeine Art von Verbindung, was manchen als eine verbindende Schnur erscheint. Außersinnliche Wahrnehmungen wie Hellsehen, Telepathie und Präkognition und in eher seltenen Fällen Psychokinese können nach der Green-Studie ebenfalls auftreten.

Es stellt sich nun die Frage, ob dasjenige, was in der AKE erlebt wird, tatsächlich der Wirklichkeit entspricht oder nur Halluzination ist; die Augen des physikalischen Körpers sind oft während dieses Erlebnisses geschlossen. Der Kardiologe Michael Sabom (1982) führte eine Studie über Nahtoderlebnisse durch und hierbei stieß er auch auf reine AKE-Fälle, die auftraten während Operationen und Notfällen auf der Intensivstation. Sabom verglich die Berichte der Patienten über ihre AKE mit den nach den Operationen oder Notfällen angefertigten Arztberichten und kam zu dem Ergebnis, dass die Patienten oftmals über Dinge und Vorgänge zu erzählen wussten, die sie eigentlich wegen ihrer Bewusstlosigkeit und beispielsweise wegen der Verdeckung ihrer Augen gar nicht hätten wissen dürfen. Der folgende Fall eines 52-jährigen Nachtwächters aus Florida, der im Januar 1978 am offenen Herzen operiert wurde, soll dies verdeutlichen (ebd. S. 90ff):

„Der Narkosearzt betäubte mir diese Gegend hier und gab mir dann eine Spritze... Ich muß eingeschlafen sein... Ich war vollkommen weg, als sie mich in den Operationssaal hinunterschafften, ich kann mich an absolut nichts erinnern, ich weiß erst wieder, daß ich plötzlich in dem hellerleuchteten Saal war; ich hatte ihn mir aber noch heller vorgestellt. Dann merkte ich, daß sie schon einiges mit mir gemacht hatten. Sie hatten mich schon abgedeckt, und der Narkosearzt fuhrwerkte schon herum. Auf einmal bemerkte ich, ... daß ich mich ein paar Fuß über meinem Kopf befand, ... so, als ob ich eine andere Person im Raum war... Ich hatte das Gefühl, ich mußte nur an etwas denken, und schon sah ich es in Farbe und in einem Rahmen. Ich erinnere mich genau daran, daß ich zwei Ärzte sah, die mich nach der Operation zunähten. Dr. C., ja, ich glaube, es war Dr. C., weil der so große Hände hat, spritzte mir zweimal irgend etwas ins Herz, einmal von der einen Seite und einmal von der andern. Ich erinnere mich auch noch an den Apparat, mit dem sie mir die Rippen auseinanderhielten; irgend etwas schoben sie mir hier oben in die Vene und sie lasen die Anzeige von irgendeinem Gerät ab. Der Narkosearzt, da bin ich ganz sicher, hatte etwas Glänzendes in der Hand. Ich konnte alles sehen. Auch, daß mein Kopf abgedeckt war und daß mein übriger Körper mit Tüchern bedeckt war, mit mehreren übereinanderliegenden Tüchern. Ich wußte, daß es mein Körper war. Ich hatte mir immer vorgestellt, das Licht würde viel heller sein, aber das Licht dort war gar nicht so hell. Es kam mir mehr wie eine Neonröhre vor als wie ein starker Scheinwerfer... Ich konnte auch zum Teil hören, was geredet wurde, und das überraschte mich... In der Öffnung steckten jede Menge Instrumente, ich glaube, man sagt Klemmen dazu. Ich war erstaunt, weil ich gedacht hatte, es würde alles in Blut schwimmen, aber es war gar nicht soviel Blut zu sehen, auf jeden Fall nicht soviel, wie ich mir vorgestellt hatte... Irgendwie konnte ich alles wie hinter meinem Kopf stehend beobachten.

Mir war das alles ziemlich unheimlich, weil ich nicht wußte, warum ich diese Fähigkeit hatte. Aber ich weiß, daß ich das alles sah. Das ist keine Einbildung, glaube ich zumindest... Es war ziemlich viel abgedeckt. Ich konnte nicht allzuviel von meinem Kopf sehen, aber von den Brustwarzen abwärts war mein Körper besser zu sehen... Ich war außerhalb meines Körpers... Zuerst machten sie mir innen ein paar Stiche und dann nähten sie mich außen zu. Der kleinere Arzt fing unten an, und der andere Arzt nähte von der Mitte aufwärts. Hier, an dieser Stelle, hatten sie ganz schön Schwierigkeiten, aber sonst ging alles recht schnell... Das Herz schaut gar nicht so aus, wie ich es mir vorgestellt hatte. Es ist ganz schön groß und es war auch noch groß, nachdem der Arzt kleine Stücke weggeschnitten hatte. Ich hatte es mir ganz anders vorgestellt. Mein Herz sah ungefähr so aus wie der afrikanische Kontinent, oben war es breit, aber unten wurde es schmäler... Außen war es rötlich und gelb. Der gelbe Teil war für mich Fettgewebe oder so etwas Ähnliches. Irgendwie sah er widerlich aus. Ein anderer Teil, entweder rechts oder links, war dunkler als der Rest... Ich könnte Ihnen die Säge, die sie benutzten, und das Ding, mit dem sie mir die Rippen auseinanderhielten, aufmalen. Das Ding war die ganze Zeit da, daran erinnere ich mich noch besser als an die anderen Sachen. Es war zwar rundum bedeckt, aber ich konnte den Metallteil sehen. Um die Öffnung herum hingen Instrumente, die es zum Teil verdeckten, und manchmal nahmen sie [die Ärzte] die Klammern heraus und steckten Schwämme hinein, und die Hände verdeckten mir oft die Sicht... Dr. C. stand meistens links von mir. Er schnitt mir Stücke von meinem Herzen ab. Er nahm es in die Hand, drehte es nach allen Seiten und untersuchte es ganz schön lang. Sie sahen sich auch einige Arterien und Venen an, und dann gab es eine große Diskussion darüber, ob ein Bypass notwendig war oder nicht. Ich glaube, ich hatte eine krankhaft erweiterte Ader, die zuviel Blut führte, darüber sprachen sie zumindest... Es klingt seltsam, aber ich machte mir überhaupt keine Sorgen... Ich hatte überhaupt nicht das Gefühl zu sterben. Ich hatte jede Menge Zutrauen zu Dr. C. Er ist ja auch wirklich beeindruckend... Das Ding, mit dem sie mir die Brust offenhielten, war aus richtig gutem Stahl ohne Rost, ich will damit sagen, es war überhaupt nicht verfärbt. Wirklich gutes, hartes, glänzendes Metall... Sie spritzten mir irgend etwas ins Herz. Das ist vielleicht komisch, wenn man sieht, wie sie einem eine Nadel mitten ins Herz stechen... Ich war richtig neugierig, aber ich wollte niemanden vom Operationsteam fragen, weil ich mir dumm vorkam. Alle Ärzte, bis auf einen, hatten Plastiküberzüge über den Schuhen, nur der eine hatte weiße Schuhe an, die voller Blut waren. Ich fragte mich, warum wohl dieser eine Arzt mit weißen Lackschuhen im Operationssaal herumlief, während die anderen

Ärzte und auch die Schwestern grüne Plastikbezüge über den Schuhen hatten. Ich möchte zu gern wissen, warum das so war. Es war so komisch... Mir kam es unhygienisch vor. Ich weiß nicht, wo er mit den Dingern herumgelaufen war, sie störten mich auf jeden Fall. Er hätte meiner Meinung nach auch solche Überzüge tragen müssen... Dann war da auch noch ein Arzt, der hatte etwas am kleinen Finger der rechten Hand. Es sah aus, als ob er den Nagel verlieren würde. Unter dem Nagel war ein Blutgerinnsel, das konnte ich durch seinen Handschuh sehen, der mehr oder weniger durchsichtig war. Das Ding war ziemlich dunkel, und ich konnte es eindeutig erkennen. Dieser Arzt stand auf der anderen Seite des Operationstischs gegenüber von Dr. C. und nähte mich mit zu."

Im Bericht des Operateurs, den der Patient nie sah, war Folgendes zu lesen (ebd. S. 93f):

„Der auf dem Rücken liegende Patient erhielt eine ausreichende Allgemeinnarkose (Halothan)... Er war vom Kinn bis unterhalb der Knöchel rasiert und desinfiziert und in der üblichen Weise steril abgedeckt. Von genau unterhalb des Brustbeinausschnitts bis hin zum Schwertfortsatz des Brustbeins wurden Haut und subkutanes Gewebe [Unterhautgewebe] durchtrennt. Die dabei auftretenden Blutungen wurden gestillt... Das Brustbein wurde der Länge nach aufgesägt, und über den Wundtüchern wurde ein Automatenhaken eingesetzt... In das rechte Atrium [Vorhof] wurden [nachdem das Herz freigelegt worden war] zwei Schläuche eingesetzt... Einer dieser Schläuche reichte bis zur Vena cava inferior [unteren Hohlvene] und der andere bis zur Vena cava superior [oberen Hohlvene]... Das Ventrikelaneurysma [großer vernarbter Teil des Herzens, der auf einen früheren Herzinfarkt zurückgeht und der eine andere Farbe hat als der normale übrige Herzmuskel] wurde freigelegt... Das Aneurysma schien sehr groß zu sein... Nachdem das Herz im Perikardialraum [Herzhöhle] umgedreht worden war, erfolgte ein Einschnitt in den dicksten Teil des Aneurysmas... Das gesamte Aneurysma wurde reseziert [herausgeschnitten]... Dann wurde die linke Ventrikel [Herzkammer] verschlossen... Die Luft wurde aus dem linken Ventrikel mit einer Nadel und einer Spritze abgesaugt... Die ersten beiden Versuche, den Patienten vom pneumokardialen Bypass abzusetzen, scheiterten... Herz und Kreislauf des Patienten stabilisierten sich allmählich... Die Wunde wurde schichtenweise verschlossen... Zuerst wurde die Fascia pectoralis [Bindegewebshülle, die die äußere Fläche des großen Brustmuskels überzieht] verschlossen, ... dann wurde das subkutane Gewebe verschlossen... und dann die Haut... Der Patient wurde in stabilem, aber kritischem Zustand in die Intensivstation geschafft... Operationsbeginn 9.10 Uhr..., Operationsende 12.20 Uhr."

Dieser Operationsbericht enthält viele Einzelheiten, die auch der Patient beschrieb, und zwar so, als ob er sie optisch wahrgenommen hätte. Sabom hat die Übereinstimmungen folgendermaßen tabellarisch gegenüber gestellt (ebd. S. 94f):

1)
Beschreibung des Patienten
»... daß mein Kopf abgedeckt war und daß mein übriger Körper mit Tüchern bedeckt war, mit mehreren übereinanderliegenden Tüchern.«

Beschreibung des Operateurs
»... in der üblichen Weise steril abgedeckt.«

2)
Beschreibung des Patienten
»Ich könnte Ihnen die Säge ... aufmalen.«

Beschreibung des Operateurs
»Das Brustbein wurde der Länge nach aufgesägt...«

3)
Beschreibung des Patienten
»... das Ding, mit dem sie mir die Rippen auseinanderhielten. ... Das Ding war die ganze Zeit da... Es war zwar rundum bedeckt, aber ich konnte den Metallteil sehen. Das Ding, mit dem sie mir die Brust offenhielten, war aus richtig gutem Stahl ohne Rost, ich will damit sagen, es war überhaupt nicht verfärbt. Wirklich gutes, hartes, glänzendes Metall.«

Beschreibung des Operateurs
»... und über den Wundtüchern wurde ein Automatenhaken eingesetzt.«

4)
Beschreibung des Patienten
»Ein anderer Teil, entweder rechts oder links, war dunkler als der Rest.«

Beschreibung des Operateurs
»Das Ventrikelaneurysma wurde freigelegt... Das Aneurysma schien sehr groß zu sein.«

5)
Beschreibung des Patienten
»Er schnitt mir Stücke von meinem Herzen ab. Er nahm es in die Hand, drehte es nach allen Seiten und untersuchte es ganz schön lang.«

Beschreibung des Operateurs
»Nachdem das Herz im Perikardialraum umgedreht worden war, erfolgte ein Einschnitt in den dicksten Teil des Aneurysmas... Das gesamte Aneurysma wurde reseziert.«

6)
Beschreibung des Patienten
»Dann spritzten sie mir etwas ins Herz. Das ist vielleicht komisch, wenn man sieht, wie sie einem eine Nadel mitten ins Herz stechen.«

Beschreibung des Operateurs
»Die Luft wurde aus der linken Ventrikel mit einer Nadel und einer Spritze abgesaugt.«

7)
Beschreibung des Patienten
»Zuerst machten sie mir innen ein paar Stiche, dann nähten sie mich außen zu.«

Beschreibung des Operateurs
»Die Wunde wurde schichtenweise verschlossen... Zuerst wurde die Fascia pectoralis verschlossen, ... dann wurde das subkutane Gewebe verschlossen ... und dann die Haut.«

Ergänzend stellte Sabom fest:

„Die Beschreibung des Patienten enthält viele Einzelheiten und »optische« Eindrücke, die im Operationsbericht nicht vorkommen, weil sie für den Ablauf des Eingriffs ohne wesentliche Bedeutung waren. Wichtig ist jedoch, daß diese zusätzlichen Beobachtungen des Patienten exakt auf

eine Operation am offenen Herz zutreffen. So stimmen beispielsweise seine Angaben über die Form und die Beschaffenheit seines freigelegten Herzens haargenau."

In seiner Besprechung der von ihm beschriebenen AKE-Fälle erwähnt Sabom eine Hypnose-Studie, nach der manche Patienten unter Hypnose zu berichten wissen, was während ihrer Operation, und als sie unter Narkose standen, gesprochen wurde (ebd. S. 109). Im Zustand der Anästhesie kann somit der Gehörsinn erhalten sein und man unbewusst Informationen aufnehmen; Sabom hebt aber hervor, dass die Patienten seiner AKE-Fälle optisch wahrgenommene Vorgänge und Dinge berichteten, die sie aus eventuell Gehörtem nicht hätten erraten können, ebenso nicht auf der Basis von bereits vorher erworbenem Allgemeinwissen von Operations- und Notfallvorgängen oder von nach den Vorfällen erhaltenen Informationen.

Zusätzlich zu den Untersuchungen des Kardiologen Sabom gibt es mehrere Fallbeispiele, bei denen Beobachtungen während außerkörperlicher Erfahrungen von anderen Personen mit normaler körperlicher Wahrnehmungsfähigkeit bestätigt wurden. Wie schon im ersten Fallbeispiel angedeutet wurde, wird manchmal berichtet, dass der paranormale Körper zu einem anderen Ort flog und ihn dort anwesende Personen als Erscheinung, wie dieser Phänomentyp in Kapitel 5.1 beschrieben wurde, wahrnahmen (s. Mattiesen 1987 II: 354; Gauld 1983: 222f). Von einigen Vertretern der ÜH wird dies dahingehend als ein Argument für ihren Standpunkt benutzt, dass bei diesen Vorfällen die Erscheinung eines Lebenden tatsächlich ein Vehikel für das Bewusstsein einer Person war und dass dies deshalb vermutlich auch bei den Erscheinungen von Toten der Fall sei. Es gibt auch Fälle, bei denen der parasomatische Körper bei seinen Exkursionen auf Verstorbene trifft, was von Spiritisten dahingehend gedeutet wird, dass hierbei der Geist des Lebenden und der Geist des Verstorbenen auf gleicher ontologischer Ebene auftreten würden: Bei den AKE tue der hinausversetzte Lebende alles, „was in tausend Fällen mit umstrittener Deutung ein Verstorbener zu tun scheint und zu tun behauptet" (Mattiesen ebd. II S. 392), und dies sei deshalb eine Bestätigung der Berichte über Verstorbene. Nach Mattiesens Meinung sind die AKE von Lebenden ähnlich dem, was Sterbende und Mediengeister berichten, und diese Berichte würden sich deshalb gegenseitig bestätigen. Auch führt er an, dass das berühmte Medium Frau Piper während ihrer Séancen AKE hatte, bei ihren eksosomatischen Exkursionen aber nie Gestalten noch Lebender, sondern nur Gestalten von „schattenhaften Lebewesen" begegnete (ebd. S. 378). Als mein letztes Fallbeispiel soll nun zur Illustration die Begegnung eines parasomatischen Körpers einer Lebenden mit dem eines Verstorbenen angeführt werden. Dieser

Fall wurde von der *Society for Psychical Research* untersucht und Mattiesen (ebd. S. 389f) beschreibt ihn folgendermaßen:

„Die Tatsachen sind kurz folgende: Am Mittwoch, d. 29. Mai 1907 erschoß sich in London ein angesehener Offizier, Kapitän Oldham, infolge der Ablehnung eines von ihm gemachten Heiratsantrags. Sein Patenkind, die 17-jährige Miss Wilson, mit der er in sehr herzlichen Beziehungen gestanden hatte, genoß zur Zeit, obgleich selbst nicht katholisch, ihre Erziehung in einem belgischen Konvent. Ihre Mutter, eine gute Freundin des Selbstmörders, meldete der Tochter erst eine Woche nach dessen Ableben den 'plötzlichen Tod des Onkel Oldham' und den Tag seines Begräbnisses, aber nichts weiter.

Am Sonnabend, dem 1. Juni war Miss Wilson in der Kirche ihres Konvents damit beschäftigt, einer Konventualin, der Mère Columba, beim Säubern zu helfen. 'Ich stand auf einer Leiter, um ein Bildwerk abzustäuben, als ich zu meiner ziemlichen Überraschung ein Mädchen, das vor einiger Zeit [die Schule] verlassen hatte, in der Kleidung einer Nonne auf mich zukommen und mir winken sah, daß ich ihr folgen solle: es verursachte mir einen ziemlichen Schock, mich selbst auf der Leiter zu sehen, während ich doch der Nonne folgte. Durch eine [Seiten]tür [der Kirche] erreichte ich die [nicht öffentliche] Kapelle [der Nonnen], auf einem Wege, den ich nie zuvor betreten hatte. Während ich in einer der Kirchenbänke kniete, war ich sehr erstaunt, Onkel Oldham auf mich zukommen zu sehen, da Mutter mir nicht mitgeteilt hatte, daß er die Absicht habe, nach Belgien zu kommen. Mir schien, daß etwas nicht in Ordnung sei, weil er einen so schmerzlichen Ausdruck hatte; er nahm meine Hand in die seine und sagte, er habe etwas sehr Unrechtes getan, und es würde ihm sehr helfen, wenn ich für ihn betete; dann sagte er mir, daß er von der Frau, die er liebte, abgewiesen worden sei und sich in der Verzweiflung erschossen habe... Als ich mich [plötzlich] wieder auf der Leiter fand, muß ich etwas bleich ausgesehn haben; Mère Columba veranlaßte mich daher, mich auf eine Weile hinzulegen... Einige Tage danach hörte ich von Mutter, daß Onkel Oldham wirklich 'plötzlich gestorben' sei. Es erschütterte mich, da ich nicht wußte, wem ich glauben sollte...'

Diese Aussage ist am 15. März 1908 verfaßt. Vom 4. Sept. 1907 stammt ein ausführliches Zeugnis zweiter Hand seitens der Mutter, welcher Miss Wilson bei ihrer Ankunft in England (6. Aug.) auf den Kopf zugesagt hatte, was sie wußte, und dann den Vorfall ausführlich erzählt hatte.“

Ich komme nun zu den Kritiken der ÜH-Gegner. Wie auch Mattiesen (ebd. S. 385) einräumt, beweisen die außerkörperlichen Erfahrungen nicht, dass das Bewusstsein ohne physikalischen Körper existieren könne, denn die Möglichkeit von solchen Erfahrungen und Exkursionen könnte abhängen von der Existenz eines lebendigen physikalischen Körpers als Träger dieser Bewusstseinsphänomene. Wie ich in Kapitel 3.2 über die Grundstrukturen meiner Bewusstseinstheorie erläutert habe, sind auch unsere normalen Wahrnehmungsphänomene primär nur unsere eigene Psyche, und die von uns selbst hervorgebrachten Farben, Töne und alle anderen Sinnesmodalitäten werden von uns nur gedeutet als unabhängig von uns existierende Realität. (Dass es vernünftig ist, derartige unwillkürlichen Deutungen als Hinweise auf eine wirklich vorhandene äußere Realität zu betrachten, habe ich ausführlich in anderen Büchern (2020, 2023b) behandelt.) Um sich zu veranschaulichen, dass unsere normalen Wahrnehmungsphänomene primär Teil von uns selbst sind, braucht man nur ein wenig seitlich auf einen Augapfel zu drücken, und sofort erlebt man eine Verdopplung der wahrgenommenen Objekte. Während die den eigenen Körper umgebenden Objekte des visuellen phänomenologischen Bewusstseinsfeldes als äußere Realität gedeutet werden, werden die Farben und sonstigen Sinnesmodalitäten, die den eigenen Körper repräsentieren, als das eigene Selbst gedeutet. Aber ebenso wie es bei den Objekten der sogenannten Außenwelt zu Sinnestäuschungen kommen kann, so ist auch denkbar, dass das Selbstkonzept fälschlicherweise anderen Bereichen des visuellen Bewusstseinsfeldes zugeordnet wird, wodurch dann die sogenannte außerkörperliche Erfahrung entsteht. Und wenn eine derartige Verlagerung des Selbstkonzeptes zusammen mit außersinnlicher Wahrnehmung auftritt, ist es denkbar, dass man als scheinbar körperloser Geist zu weit entfernten Orten reist und dort andere Personen und Vorgänge beobachtet. Kritiker der ÜH können somit die Phänomene der AKE ebenso wie die der Erscheinungen aus Abschnitt 5.1 als Halluzinationen, eventuell verbunden mit Hellsehen und Telepathie, deuten. Dass beispielsweise die AKE von Saboms Operationspatienten aus einer bestimmten Perspektive heraus (z.B. von hinter dem Kopf und von oberhalb) erlebt wurden, wäre danach nur eine raffinierte Berechnungsleistung des Unterbewusstseins gewesen. Ob man aber eine derartige ad hoc Erklärung plausibel findet, ist eine andere Frage. Kritiker der ÜH mögen eingestehen, dass ihre Deutungen manchmal seltsam anmuten, sie verweisen aber darauf, dass die Annahme eines körperlosen und schwebenden Geistes noch unplausibler klinge. Bereits in Abschnitt 5.3 wurde erwähnt, dass manche Kritiker AKE mit dem klinischen Symptom der Depersonalisation vergleichen und sie als Abwehrmechanismen zur Überwindung der Todesangst betrachten, was jedoch beispielsweise in den Fällen, in denen das Leben gar nicht bedroht war, unplausibel ist.

Der Parapsychologe William Roll, der selbst AKE erlebt hat, hält es für möglich, dass eine AKE nur eine propriozeptive Halluzination ist (Roll 1982: 258). Diese Theorie stammt von Palmer, der darauf verweist, dass ASW und AKE in der Regel unter den gleichen psychologischen Bedingungen auftreten würden, nämlich wenn die betreffende Person in einem entspannten Zustand mit einer reduzierten Sinnesreizung sei. Nach Palmer käme es zu einer AKE, wenn die Rückkopplung von den Propriorezeptoren, welche die Stellung der Gliedmaßen zueinander messen, reduziert oder eliminiert sei, was zu einer veränderten Wahrnehmung des Körpers und dadurch der individuellen Identität führe. Dieses bedrohe das Selbst-Konzept, und eine AKE sei eine Möglichkeit, seine Selbstidentität wieder herzustellen (zitiert nach Roll 1982: 256f). Blackmore (1984) kritisiert an Palmers Erklärungsansatz, dass hierbei unklar bleibt, warum man bei seiner AKE oftmals einen Gesichtspunkt von oberhalb seines Körpers einnimmt; die Einzelheiten der Phänomenologie dieses Erlebnisses werden von Palmer nicht erklärt (was auch auf andere Autoren zutrifft; über weitere Gegenkritiken s. Rogo 1985). Nach Blackmores eigener Theorie konstruiert der kognitive Apparat eines Menschen immer mehrere Modelle der Außenwelt, und das komplexeste und stabilste, welches sich in der Regel auf Sinnesinformationen aufbaut, wird als Realität erlebt; bei sensorischen Deprivationen, Stress und anderen Faktoren könne jedoch dieses Modell zusammenbrechen, woraufhin ein solches Modell als Realitätsrepräsentation ausgewählt würde, das sich aus Gedächtnisinformationen und Imaginationen zusammensetze.

Natürlich ist es sehr schade, dass man solche empirischen Daten wie die von Sabom nicht im Labor experimentell replizieren kann, denn als Leser kann man, wenn man den Autor und die Patienten nicht persönlich kennt, schlecht beurteilen, ob Betrug wirklich ausgeschlossen werden kann oder ob die Patienten nicht doch irgendein Vorwissen oder eine besondere ASW-Begabung hatten. Im Gegensatz zu den Behauptungen über Erscheinungen wie die aus Abschnitt 5.1 werden die Berichte über AKE und NTE, insbesondere wenn sie von Ärzten und Krankenschwestern stammen, von den Kritikern seltener als Betrug abqualifiziert. Und da es Menschen gibt, die AKE willentlich bei sich herbeiführen können, gibt es Bemühungen, die außerkörperliche Lagerung des Bewusstseins experimentell nachzuweisen, was aber bislang laut Roll (1982: 255f) und Thouless (1984: 41f) nicht sehr erfolgreich gewesen sein soll. Bei diesen Experimenten soll die Versuchsperson mit ihrem parasomatischen Körper beispielsweise zu einem entfernten Ort fliegen, um dort bestimmte Objekte wahrzunehmen oder psychokinetisch zu manipulieren. Das Problem für den Nachweis des außerkörperlichen Bewusstseinszustandes ist aber, dass es bei positiven Ergebnissen nicht einfach herkömmliche ASW oder

Psychokinese gewesen sein darf, sondern beispielsweise die Wahrnehmung des Objektes aus derjenigen Perspektive heraus erfolgt sein sollte, aus der heraus der angebliche parasomatische Körper das Objekt gesehen haben will. Nach dem Urteil von Roll und Thouless hatten zwar einige Versuchspersonen interessante Erfolge, eine eindeutige Abgrenzung einer außerkörperlichen Wahrnehmung von herkömmlicher ASW sei aber noch nicht möglich gewesen. Nach der Super-ASW-Theorie ist ohnehin jede Informationsart möglich (und darauf aufbauend auch jeder psychokinetische Effekt), und deshalb braucht auf diese Experimente hier nicht weiter eingegangen zu werden.

Selbst wenn AKE nur auf ASW aufbauende Halluzinationen sein sollten, steht der materialistische Gegner der ÜH doch dem großen Problem gegenüber zu erklären, wie Patienten während einer Operation unter Narkose Derartiges hervorbringen können, wie es Sabom schildert. Sollte man nicht erwarten, dass der Patient Schmerzen empfindet und sich dem Chirurgen bemerkbar macht, wenn die Narkosemenge zu gering war und er noch bei Bewusstsein ist? Jedoch besteht ein Narkosemittel aus drei Anteilen, einem Anteil für den Schlaf bzw. für Bewusstlosigkeit, einem für Muskelerschlaffung und einem gegen Schmerzen, so dass denkbar ist, dass der Anteil für die Bewusstlosigkeit wirkungslos bleibt, wohingegen Schmerzen erfolgreich verhindert werden. Aber auch bei spontan auftretenden NTE beispielsweise bei einem Unfall stellt sich die Frage, wieso Bewusstseinszustände, die in der Regel keine mit dem Unfall verbundenen Schmerzen enthalten, im Koma auftreten können. Bei vielen Argumenten steht der Vertreter der ÜH in der Pflicht, eine Erklärung zu liefern (z.B. warum es sich bei vielen Phänomenen nicht um Halluzination verbunden mit ASW handeln könne), aber bei dem Phänomen des bewussten Erlebens ohne Schmerzwahrnehmung muss derjenige eine Erklärung liefern, der das Bewusstsein für eine reine Hirneigenschaft hält. Grof und Halifax (1980: 223) meinen, Operationen etwa unter Ketamin-Narkose seien deshalb möglich, nicht weil das Bewusstsein ausgelöscht sei, sondern „weil sein Fokus radikal verändert und umgestellt ist". Damit eine solche Erklärung nicht nur eine Ausrede ist – wissenschaftlich ausgedrückt eine post hoc Erklärung –, müsste jedoch der Materialist eine physiologische Bewusstseinstheorie vorweisen, aus der man Bewusstseinsphänomene wie die bei AKE umstandslos ableiten könnte. Die AKE ist zur Zeit ein Phänomenbereich, bei dem der ÜH-Gegner bei einigen Aspekten des Phänomens eine befriedigende Erklärung noch nicht geben kann.

Abschließend noch folgende letzte Bemerkung: Geht man davon aus, dass einige von Saboms Patienten tatsächlich Vorgänge während der Operation wirklichkeitsgetreu berichten konnten, und nimmt man darauf aufbauend

zusätzlich an, dass auch die AKE zu Beginn der Nahtoderlebnisse wirklichkeitsgetreu sind, dann stellt sich die berechtigte Frage, ob nicht auch die daran
anschließenden Nahtoderlebnisse wie das Erleben einer jenseitigen Welt mit
Verstorbenen etwas Wahres enthalten könnten, denn beide Teilaspekte des
Gesamtphänomens gehen mehr oder weniger kontinuierlich ineinander über,
falls man den Berichten vertrauen kann; zumindest sollte man diesen Übergang in Zukunft genauer untersuchen.

6. Theorien über Fortdauer und Überleben

Im vorherigen 5. Kapitel lag der Schwerpunkt von der Seite der ÜH-Vertreter aus betrachtet auf den empirischen Argumenten, in diesem Kapitel liegt er auf theoretischen Überlegungen, und da in den vorangegangenen Abschnitten schon die phänomenspezifischen Kritiken und Theorien behandelt werden mussten, um die Bedeutung der jeweiligen empirischen Phänomene darstellen zu können, werden hier nur noch Theorien behandelt, die alle oder zumindest mehrere Phänomenarten betreffen. So spielt das Gedächtnis nicht nur bei den Medienkundgebungen, sondern auch bei den Reinkarnationsfällen eine besondere Rolle, und bei allen Phänomenarten stellt sich die Frage, wie denn das Überleben des körperlichen Todes genauer vorzustellen sei. Die in diesem Kapitel vorgestellten Theorien widersprechen sich teilweise, andere ergänzen sich gegenseitig, über ihre Wahrheit kann ohnehin noch nicht entschieden werden, aber sie helfen, psychologische Widerstände gegenüber dem gesamten Forschungsprojekt abzubauen.

6.1 Zweifaktorentheorie

Die Abhängigkeit unseres Bewusstseins, Denkens und Gedächtnisses vom Gehirn demonstriert die Hirnforschung auf immer beeindruckendere Weise. Elektrische Stimulationen von Hirnarealen während Operationen können dazu führen, dass Patienten sich an lange Zeit zurück liegende Erlebnisse erinnern und diese sogar wieder als scheinbar real durchleben; Schädigungen von bestimmten Hirnbereichen führen zu spezifischen Gedächtnis- und Lernbeeinträchtigungen; Injektionen von bestimmten pharmakologischen Substanzen können bei Tieren das Erlernen neuer Aufgaben verbessern oder beeinträchtigen; Durchtrennung des Corpus Callosum (der Hauptverbindung zwischen den beiden Hirnhemisphären) ermöglicht es, dass beide Hirnhälften verschiedene Reaktionsverhaltensweisen in Bezug auf die gleichen Reize erlernen usw. Eine Theorie, welche die Phänomenarten aus Kapitel 5 erklären soll, muss natürlich auch allen hirnphysiologischen Erkenntnissen gerecht werden, und um dies zu ermöglichen, hat der Philosoph Broad (1980: 535ff; 1962: 415ff) eine Verbundtheorie (engl. compound theory) aufgestellt, nach der sich unsere Persönlichkeit, unser Geist oder Verstand (engl. mind), aus einem psychischen und einem körperlichen Faktor zusammensetze. Ebenso wie sich Salz (was chemisch als Natriumchlorid bezeichnet wird) aus zwei Substanzen (Natrium und Chlor) zusammensetzt, die isoliert jeweils völlig andere Eigenschaften besitzen als ihre Verbindung Natriumchlorid, so habe auch die gesamte Persönlichkeit Eigenschaften, die weder der körperliche noch der psychische Faktor allein für sich haben. Der Verstand und die gesamte Persönlichkeit sind danach Emergenzeigenschaften, so wie in der Chemie Verbindungen Eigenschaften aufweisen, die man nicht allein aus ihren Elementen ableiten kann. Der psychische Faktor sei der Träger von kognitiven und emotionalen Dispositionen der Persönlichkeit, und Broad vermutet, dass diese Entität eine Struktur innerhalb des Äthers sei, die mit einem lebenden Gehirn vielleicht als eine Art Feld verbunden sei. Während der Verbindung mit einem Körper könnten sich beide Komponenten gegenseitig beeinflussen und eine solche Veränderung des psychischen Faktors durch das Gehirn könnte auch nach der Trennung durch den Tod fortbestehen, so dass es auch im psychischen Faktor Spuren von Gedächtnis geben könnte. Nach dem körperlichen Tod könnte die psychische Komponente eventuell in einem von vier verschiedenen Zuständen fortdauern: Die körperlose psychische Komponente könnte keinerlei Bewusstsein haben; sie könnte ein rudimentäres Bewusstsein haben, das vielleicht noch nicht einmal das Niveau von niederen Tieren erreiche; sie könnte teilweise Bewusstseinsformen einer menschlichen Persönlichkeit haben, die aber vielleicht nur vergleichbar mit Traumzuständen seien; oder das Bewusstsein könnte dem normalen menschlichen Wachbewusstsein entsprechen. Auch hält Broad es für theoretisch möglich, dass nach dem körperlichen Tod die psychische Komponente eine Verbindung eingeht mit einer anderen, aber unphysikalischen Substanz, etwa mit einem Astralkörper, an dessen Existenz viele Spiritisten glauben. Was die vier möglichen Bewusstseinszustände betrifft, hält Broad den erstgenannten (die völlige Bewusstlosigkeit) für den wahrscheinlichsten und den vierten (die vollständige Bewusstheit, wie es Spiritisten glauben) für den unwahrscheinlichsten, da die menschlichen Bewusstseinsinhalte sehr stark von Sinneswahrnehmungen abhängen, die nach dem körperlichen Tod fehlen und höchstens durch ASW ersetzt werden könnten. Aber Broad räumt die Möglichkeit ein, dass die psychischen Komponenten verschiedener Menschen je nach Entwicklungsstand beziehungsweise je nach leiblichen Vorerfahrungen in verschiedenen Zuständen sein könnten und dass das vollständig bewusste Überleben einer menschlichen Persönlichkeit in wenigen Fällen vorkommen könnte. Bei den anderen möglichen Bewusstseinszuständen, insbesondere bei dem erstgenannten bewusstlosen, spricht er jedoch nicht von einem Überleben der Person, sondern nur von einer Fortdauer der psychischen Komponente. Broad unterscheidet das Überleben (engl. survival) einer Person von der einfachen Fortdauer (engl. persistence) von Elementen der gestorbenen Persönlichkeit. So wie das im Grab liegende Skelett noch kein Überleben des lebendigen Körpers ist, kann man auch die Fortdauer von einzelnen kognitiven Elementen und Gedächtnisspuren des psychischen Faktors nicht als das Überleben einer Person bezeichnen. Erst wenn es einen kontinuierlichen Bewusstseinsstrom mit Erinnerungen an das vorherige körperliche Leben gibt, spricht Broad vom Überleben dieser Person.

Broad hält es auch für möglich, dass es nur einen einzigen psychischen Faktor für alle Lebewesen gibt; eine Art Weltgeist, der in Verbindung mit verschiedenen Körpern verschiedene bewusste Lebewesen bildet. Zwischen den beiden Extremen *ein Faktor für alle Lebewesen* und *jeweils ein solcher Faktor für jedes Lebewesen* wären auch Zwischenformen möglich, etwa *ein psychischer Faktor für jeweils eine biologische Art.*

Ein solcher psychischer Faktor, der nicht als das Überleben einer verstorbenen Person betrachtet werden kann, sondern nur die Fortdauer einiger kognitivemotionaler Dispositionen dieser Person ist, kann sich nach Broad in einer Séance mit dem körperlichen Faktor des Mediums verbinden und so für die Zeit während dieser Medienkundgebung eine künstliche Persönlichkeit bilden, die teilweise der verstorbenen Person, von dem dieser psychische Faktor einmal ein Teil war, ähnlich ist. Da dieser psychische Faktor zwischen den

Séancensitzungen keine bewusste Persönlichkeit ist, kann diese zeitweise Séancenperson nur über ihr vergangenes Leben berichten, soweit darüber im psychischen Faktor noch Erinnerungen vorhanden sind, jedoch nicht über irgendwelche lebendigen Aktivitäten im Jenseits, wie es die Spiritisten vermuten. Da die kognitiven Elemente und die Gedächtnisspuren eines psychischen Faktors nach dem körperlichen Tod der ursprünglichen Persönlichkeit mit der Zeit immer mehr zerfallen könnten, könnte die zeitweise Séancenpersönlichkeit auch sehr unlebendig, traumartig wirken, und sie rede deshalb dann den in den Séancen oft auftretenden Unsinn. Berichtet solch eine Séancenperson doch einmal etwas über das Jenseits, so gibt sie nur die Glaubensinhalte der Spiritisten wieder, da der körperliche Faktor der Séancenpersönlichkeit identisch ist mit dem körperlichen Faktor des Mediums und dieser somit auch das Gedächtnis des Mediums besitzt.

Broad hält es für möglich, dass seine Theorie sogar eine Erklärung für das Krankheitsbild der multiplen Persönlichkeit geben kann, denn der Körper eines Menschen könnte verbunden sein mit mehreren psychischen Faktoren; und schließlich kann es nach seiner Theorie auch die Wiedergeburt geben, indem sich nämlich der psychische Faktor mit dem körperlichen Faktor eines neuen Organismus verbindet. Erwähnt werden soll aber auch, dass Autoren, die die Wiedergeburt für unplausibel halten, Broads psychischen Faktor als alternative Erklärung der angeblichen Erinnerungen der Kinder aus Stevensons Reinkarnationsfällen heranziehen. Ebenso wie bei den Medienkundgebungen oder bei Fällen von Besessenheit könnten diese Kinder in Verbindung stehen mit dem psychischen Faktor eines Verstorbenen und deshalb dessen Erinnerungen und Verhaltensweisen besitzen (s. Hick 1994: 376).

Abschließend soll noch darauf hingewiesen werden, dass Broads Theorie Ähnlichkeiten hat mit meiner Bewusstseinstheorie und meiner Theorie der Biodynamik. Wie in Kapitel 3 beschrieben wurde, könnte das Bewusstseinsfeld eine Funktion sein von zwei Faktoren, von aktiven Hirnzellen und von Vakuumparametern, und in meiner Biodynamik spielen derartige Parameter eine wichtige Rolle bei der Festsetzung der biologischen Zielzustände, der Attraktoren. Ebenso wie Broad nehme ich in meinen Theorien an, dass diese Parameter Strukturen sind, die im Äther (im Quantenvakuum) liegen. Die Parameter meiner Bewusstseinstheorie könnten kognitive Elemente sein, die bei einer möglichen Wiedergeburt eine Rolle spielen könnten. Auch halte ich es für möglich, dass die Differenzialgleichungen meiner Bewusstseinstheorie eine Lösung erlauben, selbst wenn das Gehirn nicht mehr existiert. Ein derartiges körperloses Bewusstseinsfeld sollte aber in der Regel nicht die Vitalität besitzen wie das Bewusstsein einer körperlichen Person. Hierauf wird noch einmal im Schlusskapitel eingegangen.

6.2 Gedächtnistheorien

Die meisten Hirnforscher nehmen an, dass das menschliche Gedächtnis vollständig und ausschließlich im Gehirn verankert sei, und wäre das so, dann wären Erinnerungen an frühere Leben, wie es bei Medienkundgebungen und bei den angeblichen Reinkarnationsfällen behauptet wird, unmöglich. Nach Broads Theorie kann das Gedächtnis hauptsächlich im Gehirn lokalisiert sein, seiner Meinung nach kommt es jedoch im körperlichen Leben zu einer Veränderung des psychischen Faktors, so dass hierdurch ein weiteres Gedächtnis existieren kann. Es gibt aber Vertreter der ÜH, die Broads Ansichten nicht teilen und für die deshalb die heutigen Erkenntnisse der physiologischen Gedächtnisforschung ein Problem darstellen.

Sicherlich hat die Hirnforschung in den letzten Jahrzehnten viele interessante Erkenntnisse über die Physiologie des Gedächtnisses erlangt, aber es kann nicht behauptet werden, dass die physiologische Gedächtnisforschung auch nur annähernd einen befriedigenden Stand erreicht hat und den man als überzeugendes Argument gegen die ÜH vorbringen könnte; und dies gilt nicht nur für die Gedächtnisforschung, sondern für die gesamte kognitive Hirnforschung. In vielen Bereichen der Hirnforschung ist es eher so, dass immer mehr neue Fragen auftauchen, je mehr man über das Gehirn erkennt (s. Carlson 2004). So weiß man, dass der Hippocampus eine Rolle bei Gedächtnisleistungen spielt, aber welche Rolle genau und auf welche Weise, weiß man noch nicht. Mehrere Hirnbereiche scheinen beim Abspeichern und beim Hervorholen von Informationen aus dem Gedächtnis (engl. encoding und retrieval) eine Rolle zu spielen oder als Arbeitsspeicher zu dienen, aber ob es beispielsweise einen eigenen Langzeitspeicher gibt und welcher Art dieser wäre, ist unklar. Man weiß, dass es bei Lernvorgängen zu vielen zellulären Veränderungen kommt, z.B. an den synaptischen Verbindungen zwischen den Neuronen, aber dieses könnte auch lediglich Ausdruck einer veränderten Informationsverarbeitungsart und kein Datenspeichern sein, so wie bei einem Computer das abzuarbeitende Programm geändert werden kann, ohne dass sich dadurch der reine Datenspeicher ändern muss. Der Neocortex hat sicherlich zusätzlich zur Informationsverarbeitung eine umfangreiche Arbeitsspeicherfunktion, aber auf welche Weise viele Jahre zurückliegende Erlebnisse, die für die tägliche Arbeit nicht mehr benötigt werden, gespeichert sind, ist noch nicht genügend geklärt, auch wenn die Theorien der neuronalen Netzwerke (s. Müller, Reinhardt 1990) teilweise schon recht interessant sind.

Die heute in Psychologie und Physiologie üblichen theoretischen Vorstellungen über das Gedächtnis werden von Gauld (1983) kritisiert, aber obwohl ich seine grundsätzliche Kritik nicht überzeugend finde und ich sie deshalb hier nicht vorstelle, ist seine alternative Betrachtungsweise (ebd. S. 206f) sehr interessant und soll kurz erwähnt werden. Wie am Ende von Kapitel 2 als Zusammenfassung der heutigen wissenschaftlichen Weltauffassung beschrieben wurde, haben die Naturgesetze eine geschichtete Form. Die untersten Schichten dieser Gesetzeshierarchie bestehen aus den Bewegungsgesetzen der leblosen Materie und darüber liegen die Schichten der biologischen, psychologischen und soziologischen Naturgesetze. Die höheren Gesetze bauen auf den niederen auf und modifizieren deren Wirkungsweise; oder anders ausgedrückt, die globalen Systemeigenschaften von höheren Systemebenen steuern das Verhalten der Systemkomponenten, was auch als Abwärts- oder Makrokausalität bezeichnet wird. Diese Auffassung vom geschichteten Wirken der Naturgesetze kommt insbesondere in der Synergetik zum Ausdruck (Haken 1982). In der Synergetik werden emergente Systemeigenschaften von höheren Systemebenen als Ordnungsparameter beschrieben, welche zwar von den Systemkomponenten hervorgebracht werden, diese aber umgekehrt in deren Verhalten steuern. Derartige schichthöhere Naturgesetze, die auf den niederen aufbauen, bezeichnet Gauld als supervenierende Gesetze, und die begrifflichen Fähigkeiten und das Gedächtnis der Menschen seien angesiedelt auf der Ebene dieser supervenierenden Gesetze oder Prinzipien. Wenn ein Mensch stirbt, so zerfallen die Bestandteile seines Gehirns, aber so wie die Naturgesetze im Allgemeinen als ewig betrachtet werden, könnten nach Gauld auch die supervenierenden Prinzipien eines Menschen den körperlichen Tod überdauern. Eine Besonderheit dieser psychologischen supervenierenden Gesetze gegenüber den niederen physikalischen wäre, dass es für verschiedene Menschen mit unterschiedlichen intellektuellen Fähigkeiten und Gedächtniselementen unterschiedliche supervenierende Gesetze gäbe, wohingegen die Naturgesetze der physikalischen Systemkomponenten bei allen Menschen gleich sind.

Gaulds Betrachtungsweise erscheint zunächst als sehr ungewöhnlich, aber wenn man es tatsächlich für möglich hält, dass das teleonome Verhalten eines biologischen Organismus von einer Entelechie, Seele oder einem psychischen Faktor gesteuert wird, dann liegt es nahe, diese die biologischen Komponenten steuernde Instanz auf der Ebene der Naturgesetze zu formulieren, da die Naturgesetze für die Bewegungsformen der Objekte verantwortlich sind. Analog nehme auch ich in meiner Theorie der Biodynamik (Abschnitt 3.1) an, dass bei den biologischen Naturgesetzen Parameter für die Festlegung von Attraktoren eine Rolle spielen, deren Einstellungen durch Prozesse im Äther

stattfinden und die innerhalb meiner Bewusstseinstheorie individuell verschieden sein könnten. In Anlehnung an Gaulds Vorstellungen über das Gedächtnis könnte man somit vermuten, dass das Gedächtnis nicht (oder nicht
allein) in den zellulären Komponenten des Gehirns niedergelegt ist, sondern
(auch) in Strukturen des Vakuums bzw. Äthers, und dies mag dafür verantwortlich sein, dass die rein hirnphysiologisch orientierte Gedächtnisforschung
so große Probleme hat, unsere Gedächtnisleistungen zu erklären.

In diesem Zusammenhang ist interessant zu wissen, dass es in der physikalischen Forschung eine Theorie gibt, in der das Gedächtnis von materiellen Vorgängen auf naturgesetzlicher Ebene bedeutsam ist. Die klassische Thermodynamik ist genau genommen noch keine *dynamische* Theorie und insbesondere
für irreversible Prozesse wird immer noch eine befriedigende Theorie gesucht.
Eine der Theorien innerhalb dieses Forschungsbereiches ist die sogenannte
Rationale Thermodynamik, und in dieser Theorie spielt beim kalorodynami-
schen Prozess der Spannungstensor des betrachteten Materials eine Rolle. Der
Spannungstensor hängt aber in dieser Theorie nicht allein von der augenblick-
lichen Konfiguration des Körpers ab, sondern über die Geschichte der Kör-
perbewegung gehen auch die Konfigurationen der Vergangenheit ein, und der
kalorodynamische Prozess ist ein Funktional der Geschichte des thermokine-
tischen Prozesses (s. Truesdell 1984): „Das System besitzt somit ein "Gedächtnis"" (Reif 1987: 729). Falls diese Forschungsrichtung der Rationalen
Thermodynamik tatsächlich physikalische Prozesse auf adäquate Weise wiedergeben sollte, dann würde das Gedächtnis in der Natur eine wichtigere Rolle
einnehmen, als man es sich heute in der Psychologie und Physiologie vorstellt.
Und falls die Parapsychologen mit ihrer Hypothese vom psychometrischen
Objekt – d.h. vom Auslösen von Erinnerungen, die mit einem Objekt ver-
knüpft sind, sobald Sensitive dieses Objekt in den Händen halten – Recht haben, dann sollte man auch erwarten, dass alle physikalischen Makrokörper auf
irgendeine Art mit einem Gedächtnis verbunden sind. Der schon zitierte Em-
bryologe und Philosoph Hans Driesch hat sogar die Vermutung geäußert, dass
das Gehirn ein psychometrisches Objekt sei, das der Mensch auf besondere
Weise nutzen könne, und dass es dadurch zum psychologischen Gedächtnis
komme (zitiert nach Roll 1982: 208).

Gauld glaubt, dass das Überleben eines Menschen auf irgendeine Weise auf
der Ebene der supervenierenden Gesetze, welche auch in anderen Substanzen
als dem Gehirn wirken könnten, stattfinde, aber er distanziert sich vorsichtig
von Broads Theorie des psychischen Faktors. Beide Theorien müssen sich jedoch nicht unbedingt gegenseitig ausschließen, denn Broad äußerte sich nicht
genauer darüber, was dieser psychische Faktor sei. Im Sinne von Gaulds

Theorie könnte man diesen psychischen Faktor auch als supervenierende Naturgesetze deuten. Broad hält es für möglich, dass der psychische Faktor eine Struktur innerhalb des Äthers sei, und nach meinem Computer-Weltbild und meiner wissenschaftlichen Weltauffassung sollten Naturgesetze ebenfalls im Äther lokalisiert sein. Supervenierende Naturgesetze sind zwar in der Regel keine psychischen Entitäten, aber hirnspezifische Naturgesetze, die zur Entstehung des Bewusstseins beitragen, könnte man durchaus so verstehen.

6.3 Fortdauer von Persönlichkeitsmerkmalen

Wie schon im Abschnitt über Broads Zweifaktorentheorie deutlich wurde, gibt es nicht nur die beiden Extrempositionen der Befürworter und Gegner der Überlebenshypothese, sondern auch eine Zwischenposition, die zwar das Fortbestehen von Elementen einer verstorbenen Person, beispielsweise von Gedächtnisspuren, akzeptiert, dieses aber nicht als das Überleben einer intakten, voll vitalen und eventuell zusätzlich bewussten Persönlichkeit betrachtet. Diese von Broad eingeführte begriffliche Unterscheidung von Überleben und Fortdauer (engl. survival und persistence) ist auch auf andere Theorien als die von Broad anwendbar, manche solcher Theorien sind jedoch noch so vage formuliert, dass nicht immer klar ist, ob es sich nur um die Fortdauer von Persönlichkeitselementen handelt oder um das Überleben eines funktionierenden Persönlichkeitssystems.

In Abschnitt 5.4.4 über Medienkundgebungen wurde bereits beschrieben, dass James (aufbauend auf Ideen von Gustav Fechner) es für möglich hielt, dass das materielle Universum Gedächtnisspuren von Menschen und ihren Aktivitäten enthalten könnte, die auf irgendeine Weise zu einer kurzzeitigen bewussten Séancenpersönlichkeit induziert werden könnten; und auf welche Art solche Gedächtnisspuren existieren könnten, ist im vorigen Abschnitt über Gedächtnistheorien, insbesondere im Zusammenhang mit der Rationalen Thermodynamik, angedeutet worden.

Eine weitere Theorie der bloßen Fortdauer ist von Carington vorgeschlagen worden, nach der die Persönlichkeit oder der Verstand (engl. mind) aus sogenannten Psychonen, d.h. aus einzelnen Elementen wie Sinnesempfindungen und Bildern, bestehen würde (s. Stevenson 1973). Diese Psychonen seien im Leben eines Menschen zu einem Psychonensystem verbunden, welches aber mit dem körperlichen Tod zerfalle, und danach könnten die einzelnen Psychonen isoliert fortbestehen, diese könnten aber auch nach dem körperlichen Tod im Laufe der Jahre vollständig zerfallen. Für das Zerfallen der Psychonen kann der angebliche Umstand angeführt werden, dass die Medienkundgebungen von Verstorbenen in vielen Fällen wenige Jahre nach dem körperlichen Tod immer unpräziser und wertloser werden und schließlich aufhören. Dies sei aber nicht immer der Fall, erwidern Vertreter der ÜH, und das Aufhören der Kommunikation könnte andere Ursachen haben, etwa eine Wiedergeburt oder das Eintreten des Verstorbenen in eine völlig andere Daseinsform, denn

Spiritisten glauben, dass es verschiedene Stufen oder Sphären gäbe, die nach dem Tod durchlaufen würden.

Auf der Grundlage von Caringtons Theorie wurde Stevensons Reinkarnationsdeutung der Erinnerungen der von ihm untersuchten Kinder kritisiert (s. Stevenson 1973). Die von Stevenson untersuchten Kinder lebten meist in der Gegend, in der auch die angeblich frühere Person lebte, so dass es in dieser Gegend Psychonen geben könnte, die die Kinder vielleicht auf paranormale Weise wahrnehmen würden, und sich dadurch Halluzinationen über ein angeblich früheres Leben bilden könnten. Außerdem vergessen Kinder nach wenigen Jahren ihre „Phantasien", was durch den vollständigen Zerfall der Psychonen erklärt werden könnte. Auf diese Kritik hat Stevenson geantwortet, dass es auch Fälle gibt, in denen die Kinder in einer ganz anderen Gegend, in weit entfernten Ländern lebten, als es die frühere Persönlichkeit tat, und das allmähliche Aufhören der Erinnerungen sei ein ganz normaler Vergessensprozess, wie er auch innerhalb eines Lebens auftritt. Auch kann die Hypothese, die Kinder würden diese Psychonen aufgrund besonderer ASW-Fähigkeiten spüren, nicht erklären, warum sie die Psychonen nur einer einzigen anderen Person selektiv wahrnehmen.

Die letzte hier vorzustellende Theorie ist die Psi-Strukturtheorie von Roll (1982), der Ideen von mehreren anderen Autoren miteinander verbindet, um damit paranormale Phänomene wie die Psychometrie zu erklären. Rolls Theorie baut auf den drei Ideen der Ganzheitlichkeit der Natur, des Gedächtnisses der Natur und der Speicherung von vergangenen menschlichen Aktivitäten und Persönlichkeitsmerkmalen auf. Auf einer tieferen Ebene bilde die Natur – alle Menschen und ihre Umwelt – eine Ganzheit, und ebenso wie beim in Kapitel 2 erwähnten EPR-Paradox zwei Elementarteilchen nach einer Wechselwirkung in einigen ihrer Eigenschaften aufeinander bezogen bleiben, so bleiben auch Personen und Objekte, nachdem sie einmal räumlich einander nahe waren, aufeinander bezogen, was Roll als Psi-benachbart (engl. psi-contiguous) bezeichnet, da sie auf einer tieferen Ebene nicht mehr voneinander getrennt seien. Außerdem besitze, wie schon James es für möglich hielt, die Natur ein Gedächtnis, und dieses materielle Gedächtnis und die Psi-benachbarte Verbundenheit verschiedener Objekte führe dazu, dass Sensitive bei der Berührung von psychometrischen Objekten vergangene Vorgänge, die mit diesen Objekten in Beziehung standen, wahrnehmen können. Und da auch die Persönlichkeitsdispositionen, menschlichen Gedächtnisspuren und vergangenen Aktivitäten von Personen nach dem Tod in der Natur gespeichert bleiben würden, könnten verstorbene Persönlichkeiten bei Séancen im Mediumbewusstsein, im Bewusstsein der Kinder der sogenannten Reinkarnationsfälle oder beim Auftreten von Erscheinungshalluzinationen wieder lebendig oder zumindest erinnert werden. Die ganzheitliche Verbundenheit von Psi-benachbarten Objekten, ihre Gedächtnisspuren und die dadurch gespeicherten Dispositionen und Aktivitäten von Menschen bezeichnet Roll als Psi-Struktur. Roll ist der Meinung, dass seine Psi-Strukturtheorie keine Gegenhypothese zu der des Überlebens sei, sondern nur eine besondere Ausformulierung der ÜH. An einigen Stellen spricht er ausdrücklich von der Möglichkeit von körperlosen Persönlichkeiten und vom Überleben, aber soweit er dieses nicht genauer erläutern kann, scheint seine Theorie eher nur die Fortdauer von Persönlichkeitselementen im Gedächtnis der Natur zu behaupten. Auch ist fraglich, ob seine Theorie alle Phänomenarten erklären kann, die als Argumente für das Überleben angeführt werden – beispielsweise einige der Phänomene, die bei den Nahtoderlebnissen auftreten und die Roll vermutlich nur als reine Halluzinationen betrachten kann.

6.4 Ansichten über die Art des vermuteten Überlebens

Es gibt einige umfangreiche Medienkundgebungen über die Art des Überlebens und über die Natur des Jenseits, auf die die Spiritisten ihre Ansichten über das Leben nach dem körperlichen Tod gründen (z.B. Lodge 1917; Thomas 1928), und eine Zusammenfassung und kritische Bewertung dieser Berichte findet man bei Mattiesen (1987 III) und Paterson (1995). Nach diesen Medienkundgebungen gibt es in der jenseitigen Welt wunderschöne Landschaften mit Gärten und Parkanlagen voller schöner Blumen und Tiere, und die Menschen würden harmonisch miteinander leben. Es soll auch Städte mit großen Büchereien geben, in denen sich alle jemals geschriebenen Bücher befinden würden, und Konzerthallen, in denen man wunderbare Musik genießen könne. Man unterscheidet verschiedene und nach innerer Entwicklungsstufe hierarchisch geordnete Lebensbereiche, sogenannte niedere und höhere Sphären, und große Lehrer aus höheren Sphären könne man auf Veranstaltungen hören. Die jenseitige Welt sei wie die unsrige räumlicher Art, aber die Fortbewegung finde nicht nur mit den Füßen des Körpers, der unserem sehr ähnlich und auch bekleidet sei, statt, man könne auch durch die Luft gleiten oder in Gedankenschnelle von einem Ort zum anderen gelangen. Man lebe in Häusern und es gäbe besondere Bauten für den Unterricht, für die geistige Fortbildung, für Bäder etc. Geistesverwandte Seelen würden in Gruppen zusammen leben und die zu verrichtenden Tätigkeiten seien sehr unterschiedlicher Art: Es gäbe Gärten zu bauen, Botengänge zu erledigen, es gäbe Forscher und Künstler, man strebe nach innerer Entwicklung religiös-sittlicher Art, und die Kommunikation erfolge mittels Telepathie. Auch gäbe es dort keinen Krieg, weder Krankheiten, Armut noch Verbrechen. Allerdings soll es zusätzlich niedere Sphären geben, in denen sich Leidenschaften, Hass und Sünde offenbaren.

Es gibt viele Kritiker der ÜH, die derartige Berichte über das Jenseits für so naiv halten, dass sie sie als ein weiteres starkes Argument gegen die Medienkundgebungen und als eine Selbstwiderlegung des Spiritismus betrachten (z.B. Dessoir 1947). Selbst ein gegenüber den Medienkundgebungen so aufgeschlossener Philosoph wie Broad hält diese Jenseitsbeschreibungen für Phantasien, die auf dem Glauben der Spiritisten basierten. Es soll aber daran erinnert werden, dass es bei den Nahtoderlebnissen ebenfalls Begegnungen mit schon Verstorbenen und mit höheren Wesen in Städten und Gebäuden wie Bibliotheken gibt. Dennoch erscheint eine realistische Deutung dieser

Berichte aus wissenschaftlicher Sicht als sehr unplausibel; jedoch glaubt Mattiesen trotzdem nicht, dass diese Mitteilungen reine Halluzinationen seien (Mattiesen 1987 III: 346ff). Als Argument führt er an, dass die Medien selbst an ihren Äußerungen Anstoß nehmen, und würden diese Mitteilungen allein aus ihrem Unterbewusstsein kommen, sollte dieses doch dazu in der Lage sein, glaubhaftere Berichte zu liefern. Zu bedenken gibt er auch, dass die heutigen Schilderungen ähnlich seien denen, die seit dem Altertum überliefert werden. Skeptisch stimmen muss jedoch, dass in der Antike Medienkundgebungen oft als von Göttern stammend gedeutet wurden, heutzutage jedoch hauptsächlich als von Verstorbenen stammend; jedoch gab es auch in der Antike Totenbeschwörungen. Dass viele Jenseitsberichte sehr unglaubwürdig klingen, akzeptiert aber auch Mattiesen und deshalb stellt er drei mögliche Deutungen einander gegenüber (ebd. S. 354ff): die rein realistische Deutung, die rein idealistische Deutung und eine zwischen diesen beiden Extremen gelegene. Nach der realistischen Deutung verhält es sich mit dem Jenseits so, wie es in den Berichten dargelegt wird, und diese Astralwelt bestände aus einem sehr feinen ätherischen Stoff. (Nebenbei bemerkt wird eine angeblich von Geistern stammende *naturphilosophische* Abhandlung über das Jenseits im Buch von White (1963) gegeben, der ich aber sehr skeptisch gegenüberstehe.) Nach der rein idealistischen Deutung ist das Jenseits eine Art Traumwelt und nach der objektiv-idealistischen Mischdeutung sind die berichteten Erlebnisse weitgehend subjektive Vorstellungen, die sich aber auf eine „rätselhafte Weise" verwirklichen, sich objektivieren und irgendwie objektiven Randbedingungen unterliegen (Mattiesen 1987 III: 357).

Eine Traumdeutung ist in einem interessanten Aufsatz von Price (1965) ausgearbeitet worden, die hier kurz zusammengefasst werden soll: Das Bewusstsein unseres irdischen Lebens wird hauptsächlich bestimmt von unseren Sinneswahrnehmungen, durch die wir eine äußere Realität erleben, über die wir nachdenken und über die wir Gefühle erleben. Im körperlosen Zustand gäbe es aber diese Art von Sinneswahrnehmungen nicht und will man irgendeine Art von Welt annehmen, über die man auch im körperlosen Zustand Erlebnisse hat, so könnte diese Welt eine Art von Traumwelt sein. Das Jenseits sollte deshalb nach Price eine Welt von mentalen Bildern wie im Traum sein, ebenso wäre auch der jenseitige eigene Körper nur ein Traumobjekt, und da er ein selbst hervorgebrachtes Traumbild sei, könnten dieser Körper, seine Kleider und seine Umwelt denen im physikalischen, vorherigen realen Leben sehr stark gleichen, so wie es in den Medienkundgebungen behauptet wird. Ein solches Traumleben müsste nicht unbedingt solipsistisch sein, telepathische Kommunikationen könnten die Traumerlebnisse mehrerer Seelen miteinander verbinden. Eine Traumnatur des Jenseits würde viele Eigenarten des von den Medien beschriebenen Jenseits erlauben, beispielsweise die Fortbewegung in Gedankenschnelle. Der Wunsch, nach Oxford zu gehen, könnte sofort Bilder von Oxford hervorrufen. Auch könnte die Traumnatur erklären, weshalb das Jenseits in den Medienkundgebungen als real beschrieben wird, denn solange man sich in einem Traum befindet, hält man das darin erlebte in der Regel für wirklich. Ein traumartiger Zustand würde auch erklären, weshalb bei den Medienkundgebungen so viele Banalitäten (und nicht Informationen, die in erster Linie Nachkommen interessieren würden) erzählt werden, und ebenso das semi-automatenhafte Verhalten – ähnlich dem Schlafwandeln – von Erscheinungen. Eine Bilderwelt von mehreren telepathisch miteinander verbundenen Seelen wäre keine physikalische Welt, aber eventuell auch nicht auf eine einzelne Seele bezogen rein subjektiv, so dass ein solcher Seelenverbund von einer einzelnen Seele aus betrachtet eventuell in einem schwachen Sinne als objektiv existierend beurteilt werden könnte. Diese Bilderwelt würde als räumlich erlebt, die dort herrschenden „Naturgesetze" wären aber die Gesetze der Traumpsychologie. Falls die Träume mehrerer Seelen miteinander telepathisch verbunden wären, dann könnten das jeweils solche Seelen sein, die sich psychologisch sehr ähneln, die eine Art Geistesverwandtschaft miteinander verbindet. Auf diese Weise könnten mehrere unterschiedliche Bilderwelten (mehrere Seelenverbände) nebeneinander existieren, was den unterschiedlichen Sphären der Spiritisten entsprechen würde. Hauptsächlich zwei Faktoren würden den Inhalt dieser Träume bestimmen: das Gedächtnis und die Wünsche oder der Charakter des Träumenden. Das Gedächtnis, die Erinnerungen an das frühere physikalische Leben, würde die Art der im Traum produzierten Objekte prägen, und der Charakter und unerfüllte und unterdrückte Wünsche die genaue Ausgestaltung der Traumvorgänge. In Anlehnung an Hindu-Philosophen wäre es die Welt der Begierden (a world of desire, Kama Loka). Abschließend wirft Price die Frage auf, was passiere, wenn es keine Begierden oder Wünsche mehr gäbe, weil man sich im Traum alle Wünsche erfüllt habe. Das Bewusstsein bzw. die überlebende Persönlichkeit höre dann vielleicht endgültig auf zu existieren oder man komme vielleicht in Zustände, wie sie die Mystiker beschreiben.

So viel zur Theorie von Price, auf der modifizierend aufgebaut werden kann. Nimmt man mit Broad an, dass mehrere Verstorbene entsprechend ihrer irdischen Vorerfahrungen einen unterschiedlich stark ausgeprägten Bewusstseinszustand haben könnten, so könnten einige Seelen ein ausgeprägteres rationales Denkvermögen, als es im Traum normalerweise üblich ist, besitzen, und verbunden mit Hellsehen könnten sie vielleicht einige Vorgänge in der physikalischen Welt wahrnehmen, wie es manche Medienkundgebungen nahe legen, und vielleicht könnten sie auch bezüglich unserer Welt Absichten verfolgen und deshalb bewusst Verbindungen herstellen zu Medien. Erwähnt werden muss aber auch, dass die Traumtheorie allein noch nicht die Phänomene der NTE (bzw. nicht alle) erklären kann.

Abschließend soll nun noch auf die Ansichten der Reinkarnationsvertreter eingegangen werden. Sollte es die Wiedergeburt geben, so könnte die Phase zwischen zwei Inkarnationen ein völlig bewusstloser Zustand sein oder auch ein Zustand, wie ihn die Spiritisten beschreiben, auch wenn Spiritisten eher gegen die Wiedergeburt eingestellt sind. In einem von Stevenson untersuchten Reinkarnationsfall – im in Abschnitt 5.5.3 kurz erwähnten Fall Jasbir – berichtete der Junge, dass er nach dem Tod einer angeblich anderen Inkarnation einem heiligen Mann (Sadhu) begegnet sei, „der ihn anwies, «Obdach zu suchen» im Leibe Jasbirs" (Stevenson 1986: 65). Auch hält Stevenson es für möglich, dass man in der Zwischenphase einen intermediären nichtphysikalischen Körper hat (zitiert nach Roll 1982: 197). Die wenigen mir bekannten Fälle von Berichten über den Zustand zwischen zwei Inkarnationen deuten eine teilweise Überlappung mit den Berichten über NTE an (s. Sharma, Tucker 2004), und in der buddhistischen und in der Hindu-Literatur gibt es hierzu mehrere Theorien (s. Hick 1994). In diesen Religionen gibt es verschiedene Schulen, die zum Beispiel eine Art von feinstofflichem Körper oder auch einen solipsistischen Zwischenzustand in einer Traumwelt, ähnlich wie sie Price beschreibt, annehmen, diese kurze Zwischenphase würde abgelöst von einer Wiedergeburt oder auch von dem Eintritt in eine höhere Welt von Göttern, was jeweils vom Entwicklungsstand, dem Karma und den Begierden des Verstorbenen abhänge. Nach einer weit verbreiteten indischen Philosophie ist ohnehin selbst unsere physikalische Welt nur eine Illusion (Maya). Dass es mehrere und hierarchisch geordnete Welten, wie es auch die Spiritisten glauben, geben soll, ist aus heutiger naturwissenschaftlicher Sicht natürlich besonders schwer zu akzeptieren. Man kann sich dies aber gut mit dem Computer-Weltbild verdeutlichen. Nach diesem Weltbild sind mehrere Rechner (die die einzelnen Lebewesen darstellen) an einen Zentralrechner angeschlossen und dieser Zentralrechner simuliert auf den Bildschirmen der einzelnen Rechner (in ihren Wahrnehmungsfeldern) die von uns erlebte irdische Welt. Ein Zentralrechner würde es aber auch erlauben, dass es neben der herkömmlichen Raumzeit noch weitere wahrnehmbare Wirklichkeiten gibt, und welcher Rechner zu welcher simulierten Welt Zugang hat, könnte von seinem Entwicklungsstand, von seiner Software, abhängen. Ein Zentralrechner könnte auch Traumzustände eines Einzelrechners beeinflussen ähnlich den telepathischen oder präkognitiven Träumen, bei denen der Trauminhalt durch von außen kommenden Informationen beeinflusst wird.

7. Gesamtbeurteilung der Überlebenshypothese

In den vorhergehenden zwei Kapiteln sind die wichtigsten Phänomenarten und Theorien, die für das Überleben des körperlichen Todes angeführt werden, vorgestellt worden. Nicht im Detail behandelt habe ich die Spukphänomene (s. Moser 1950), weil selbst Mattiesen diese nur im Zusammenhang mit den Erscheinungen bespricht, da er Spuk und Materialisationsphänomene (vgl. von Schrenck-Notzing 1923) als weitere Argumente für die Objektivität der Erscheinungen betrachtet. Nicht erwähnt habe ich außerdem Meditationserlebnisse, auf denen die östlichen Religionen ihren Glauben an Wiedergeburt und an die Existenz von höheren Wesen teilweise gründen, denn hierüber sind mir keine systematischen wissenschaftlichen Untersuchungen bekannt, und aus dem gleichen Grund habe ich auch andere, heute im Westen weit verbreitete esoterische Praktiken nicht angeführt. Bevor eine Gesamtbewertung der hauptsächlich in Kapitel 5 beschriebenen Argumente für und gegen die Hypothese vom Überleben versucht wird, sollen zunächst als Erinnerung die wichtigsten Phänomenarten noch einmal kurz erwähnt und die darauf bezogenen wichtigsten Argumente der Gegner und Befürworter zusammengefasst werden. Zum Schluss sollen auch einige philosophische Überlegungen über mögliche Konsequenzen in Bezug auf unsere jetzige Lebensführung erwähnt werden.

Bei den *außerkörperlichen Erfahrungen* hat man das Gefühl, sich außerhalb seines Körpers zu bewegen und von außerhalb seine Umwelt zu betrachten, und auf ähnliche Weise sollen auch die Geister von Verstorbenen fortexistieren und uns in den Séancen über Medien Botschaften übermitteln können. Bei den *Medienkundgebungen* befindet sich eine Person in Trance und hat angeblich entweder über Telepathie Kontakt zu einem Geist, den man als die Kontrolle bezeichnet, oder diese Kontrolle ergreift Besitz von dem Körper des Mediums und benutzt ihre Sprechorgane, um ihre Botschaften zu übermitteln. Die Kontrolle behauptet, in Kontakt mit einem Verstorbenen (dem Kommunikator) zu stehen, der ein Verwandter oder Freund eines in der Séance anwesenden Sitzers sei. Die Botschaften, die die Kontrolle durch das Medium übermittelt, sind meistens Informationen über das irdische Leben und über Eigenarten des Verstorbenen, die in manchen Fällen sehr gut zu der vermutlichen Gedächtnisstruktur des Verstorbenen am Ende seines Lebens zu passen scheinen und die auch seinen charakterlichen Eigenarten und Redewendungen, seinem Humor, der Gestik etc. zu entsprechen scheinen. Verstorbene sollen außerdem in der Lage sein, sich als sogenannte *Erscheinungen* in unserer physikalischen Welt bemerkbar zu machen. Erscheinungen sind wie normale Objekte oder Personen scheinbar physikalisch existierend sichtbar und treten vollständig oder teilweise mit einem Körper auf, den die Verstorbenen zu Lebzeiten hatten. Bei den *Sterbebett-Visionen* erscheinen verstorbene Verwandte, Freunde oder auch irgendwelche anderen, scheinbar göttliche Wesen dem Sterbenden, um ihn in die jenseitige Welt abzuholen oder ihn darauf vorzubereiten. Von *Nahtoderlebnissen* mit solchen Geisteswesen berichten Personen, die dem körperlichen Tod sehr nahe gewesen sind – als klinisch tot beurteilt worden sind, im Koma gelegen haben o.ä. – und die im Zustand einer außerkörperlichen Erfahrung in eine jenseitige Welt geflogen, aber von dort aus wieder zurückgekehrt seien, da sie angeblich noch nicht körperlich sterben sollten. Von einem vor der Geburt stattgefundenen Kontakt mit einem jenseitigen Wesen berichten in seltenen Fällen auch Kinder, die sich als körperliche *Wiedergeburt* einer in der Vergangenheit gelebten Person betrachten. Bei den spontanen Reinkarnationsfällen sind die Kinder ebenso wie die Medien der Séancen in der Lage, sehr detailliert Informationen über das Leben eines Verstorbenen zu geben, mit dem sie sich aber über mehrere Jahre hinweg identifizieren, bevor ihre angeblichen Erinnerungen an dieses frühere Leben immer mehr verblassen und zumeist irgendwann ganz aufhören. Vermeintliche Erinnerungen an frühere Leben werden außerdem in hypnotischen Altersrückführungen erlebt.

7.1 Überblick über Argumente der Kritiker

Die Neurowissenschaft belegt auf vielfältige Weise, dass das Gedächtnis und andere kognitive Funktionen von Hirneigenschaften abhängen, und nach Ansicht der Kritiker könnten deshalb körperlose Wesen von Verstorbenen nicht existieren und beispielsweise nicht die Erinnerungsfähigkeit haben, wie es bei verschiedenen Phänomenarten behauptet wird. Die behaupteten Phänomene könnten deshalb, soweit es sich nicht einfach um Betrug handelt, nur Halluzinationen sein, eventuell mit telepathisch und hellseherisch erworbenem Wissen verbunden, das dargebotene Wissen könnte außerdem von den betroffenen Personen in der Vergangenheit erworben und eventuell unbewusst aufgenommen worden sein, wurde dann aber scheinbar vergessen, blieb jedoch im Unterbewusstsein gespeichert (Kryptoamnesie). Die einzelnen Phänomenarten als Beweis des Überlebens einer körperlosen Seele zu betrachten, ist auch deshalb voreilig, weil wir über viele menschliche Fähigkeiten und über deren Entstehung noch zu unwissend sind. So ist noch völlig ungeklärt, wie es zur außersinnlichen Wahrnehmung kommt, und deshalb ist auch unklar, wie umfangreich ASW sein kann und ob mit dieser Fähigkeit Informationen und mit denjenigen Strukturen beschafft werden können, wie sie beispielsweise in den Medienkundgebungen und bei den Reinkarnationsfällen dargeboten werden. Auch kennt man die Natur unseres Gedächtnisses noch nicht vollständig, so dass eventuell nach dem Tod in der Natur Gedächtnisspuren zurück bleiben, die auf unbewusste Weise zur Halluzination von künstlichen Persönlichkeiten genutzt werden können. Und schließlich klingen die Berichte über das angebliche Jenseits zu naiv und zu ähnlich der unsrigen Welt, um sie glauben zu können.

Um nun zur Kritik der Phänomenarten im Einzelnen zu kommen: Insbesondere die *Medienkundgebungen* bestehen zu einem großen Teil aus Unsinn und Banalitäten, wie man es von lebenden Geistern nicht erwarten könne. Durch die selektive Zitierung der sehr interessanten Kundgebungen wird der Eindruck erweckt, derartige Informationsleistungen mit ASW erklären zu können klinge zu unwahrscheinlich; da jedoch der größte Teil der Kundgebungen aus wertlosem Unsinn besteht, ist das seltene Auftreten von erstaunlichen ASW-Leistungen einiger weniger herausragender Medien gar nicht so unplausibel. Insbesondere Experimente mit Hypnose haben gezeigt, dass Menschen zu phantastischen Leistungen in der Lage sind: Unter Hypnose können umfangreiche Geschichten fabuliert werden, andere Personen und sogar Tiere werden nachgeahmt, und posthypnotisch ist ein automatisches Schreiben möglich, das der Proband nicht bewusst wahrnimmt. In unseren Träumen erfinden wir jede Nacht die verschiedensten Personen, manchmal verbunden mit telepathisch erworbenem Wissen, und das Krankheitsbild der multiplen Persönlichkeit belegt ebenfalls, dass zumindest manche Menschen die unterschiedlichsten Persönlichkeiten darstellen können. Selbst einige Befürworter der ÜH räumen ein, dass die Kontrollen von Medien selbstgemacht sind, was dann natürlich nahe legt, dass sie Derartiges auch bei den Kommunikatoren können. Dass Informationen geliefert werden, die genau auf die Verstorbenen passen, ist sicherlich erstaunlich, aber die Natur des Trancezustandes ist noch nicht genügend erforscht, und eher könnte der Zugang zu einem Gedächtnisspeicher eines Weltgeistes vermutet werden als die Existenz von Geistern. Auch geben diese geisterhaften Kommunikatoren zu selten Bericht über das, was sie zwischen den Séancensitzungen im Jenseits tuen und wie dies Jenseits beschaffen sei. Und eines der schärfsten Argumente gegen die Geisterdeutung der Medienkundgebungen ist die Tatsache, dass diese angeblichen Verstorbenen noch nie überzeugend in der Lage waren, beispielsweise verschlüsselte Botschaften in Briefen, die diese Personen vor ihrem körperlichen Tod versiegelt hinterlegt hatten, zu enthüllen.

Das semi-automatenhafte Verhalten vieler *Erscheinungen* und ihre wenigen, aber oft bedeutungslosen Mitteilungen deuten darauf hin, dass ihre Verursachung kein völlig vitaler Geist ist, wie es viele Spiritisten glauben, auch gibt es – in seltenen Fällen – Erscheinungen lediglich von Gegenständen wie von Häusern und Blumen, welche belegen, dass Erscheinungen nicht von externen Aktivitätszentren ausgehen, sondern allein vom Perzipienten hervorgebracht werden können.

Die *Sterbebett-Visionen* und *Nahtoderlebnisse* sind nach Meinung der Kritiker Halluzinationen zur Verdrängung der Todesangst, sie seien Wunschdenken und entständen aus einer Erwartungshaltung religiöser Menschen über ihren Zustand nach dem Tod. Medikamente und Drogen können Phänomene bewirken, wie sie in den NTE auftreten, ebenso kennt man Krankheiten und physiologische Zustände wie das Symptom der Depersonalisation, die cerebrale Anoxie und das Limbische System Syndrom, welche Phänomene wie die außerkörperliche Erfahrung und andere Halluzinationen hervorbringen.

Außerkörperliche Erfahrungen können auch deshalb kein Beweis für ein Leben ohne Körper sein, weil während dieser Erlebnisse der Körper dieser Person noch lebendig ist und als Trägersubstanz dieser Bewusstseinszustände dient. Dass man bei diesen Erlebnissen glaubt, sich außerhalb seines Körpers zu befinden, komme lediglich daher, dass bei diesen Sinnestäuschungen das

Selbstkonzept versehentlich nicht dem eigenen Körper, sondern der Umwelt zugeordnet wird.

Was die angeblichen Erinnerungen an frühere Leben betrifft, so werden die *hypnotischen Rückführungen* in angeblich frühere Leben selbst von den meisten Parapsychologen als wenig aussagekräftig beurteilt, da unter Hypnose Probanden durch Suggestionen leicht zu umfangreichen Fabulierungen zu bringen sind, bei denen zuvor unbewusst erworbenes Wissen benutzt werden kann. Eine unbewusste Wissensaufnahme kann auch bei den *Spontanfällen angeblicher Reinkarnation* eine entscheidende Rolle spielen, denn zwischen den beiden beteiligten Familien – der aktuellen des Kindes und der angeblich früheren – gibt es oft örtliche und personale Verbindungen, die oft auch bei der Erforschung des Falles auftreten und die beispielsweise mittels Psychometrie zu einer Wissensaufnahme führen könnten. Die langjährige Identifizierung mit der früheren Persönlichkeit – das Erlebnis der erworbenen Informationen als Erinnerungen früherer Erfahrungen – ist ebenfalls kein Beweis für die Wahrheit der Behauptung des früheren Lebens, da auch Sensitive und Medien sich manchmal mit den paranormal erworbenen Informationen identifizieren.

7.2 Überblick über Argumente der Befürworter

Die Hirnforschung hat zwar Abhängigkeiten unseres Gedächtnisses und unseres Denkvermögens vom Gehirn nachgewiesen, ein Beweis für eine Unmöglichkeit des Überlebens sind diese empirischen Befunde jedoch nicht. Zu vieles ist in den Neurowissenschaften noch ungeklärt; vollständige wissenschaftliche Theorien über das Funktionieren von Gedächtnis und Denken gibt es zur Zeit nicht. Die bekannten physiologisch bedingten Gedächtnisstörungen sind beispielsweise auch erklärbar, wenn man im Sinne von Broads Zweifaktorentheorie den psychischen Faktor und den körperlichen Faktor als ein zusammengehörendes System betrachtet, denn die Störung eines Teilsystems kann sich auf die Funktionen des Gesamtsystems auswirken.

Um die für das Überleben angeführten Phänomene in seinem Sinne zu deuten, muss der Kritiker auf sehr umfangreiche Weise eine paranormale Wissensaufnahme behaupten; in Laborexperimenten konnten aber derartig umfangreiche und detaillierte telepathische Wissensübertragungen, wie es bei den Medienkundgebungen manchmal der Fall ist, noch nie nachgewiesen werden – abgesehen von einige Untersuchungen mit Sensitiven, deren wissenschaftliche Durchführung kritisiert werden kann. Darüber hinaus lassen sich besondere Fähigkeiten wie die der responsiven Xenoglossie oder Tänze und Gesänge allein mit ASW vermutlich nicht erklären.

Dass die *Erscheinungen* sehr oft ein semi-automatenhaftes Verhalten zeigen und die *Medienkundgebungen* oft Banalitäten über ihr früheres Leben und vielfachen Unsinn enthalten, kann daher kommen, dass man sich nach dem körperlichen Tod in einem schlaf- oder traumähnlichen Zustand befindet. Außerdem kann das Krankheitsbild der multiplen Persönlichkeit nicht als Erklärung der Personationen in den Séancen angeführt werden, da die Entstehung der multiplen Persönlichkeit ebenfalls noch ungeklärt ist und man somit nur ein Rätsel durch ein anderes ersetzen würde. Hätten die Medien ebenso wie die Kinder der Reinkarnationsfälle alle diejenigen Informationen, die sie auf natürliche Weise gar nicht erlangt haben konnten, mittels Telepathie erhalten, hätten sie somit außergewöhnliche ASW-Fähigkeiten besessen, so sollte man erwarten, dass sie viel öfter auch Dinge gewusst hätten, die die Verstorbenen nicht wussten. Zumindest ist die Postulierung eines Weltgeistes, der in bestimmten Speichern genau das Wissen bestimmter verstorbener Personen enthält, ebenso ungewöhnlich und entgegen dem heutigen naturwissenschaftlichen Wissen wie die Überlebenshypothese, mit der man jedoch zusätzlich alle anderen Phänomene (evtl. außer die höheren Wesen) erklären kann und die somit eine größere Erklärungskraft besitzt.

Was die Erscheinungen betrifft, so klingt die Halluzinationshypothese oft sehr unwahrscheinlich, beispielsweise wenn die Erscheinung gleichzeitig von mehreren Personen gesehen wurde. Dass sich solche Halluzinationen einer Person auf telepathischem oder anderem Wege auf alle anderen Anwesenden ausgedehnt haben sollen, ist besonders dann nicht sehr überzeugend, wenn zuerst der Hund auf die Erscheinung angeschlagen hat und erst daraufhin die anwesenden Menschen es bemerkten, wie es in einem Fallbeispiel beschrieben wurde. Irgendeine objektive Ursache für derartige kollektive Wahrnehmungen ist ziemlich wahrscheinlich, ebenso für dieselben Erscheinungen bei den unterschiedlichsten Perzipienten zu verschiedenen Zeiten und am selben Ort. Oft wussten auch die Perzipienten nichts vom Sterben des Erschienenen, und wäre dies durch Telepathie übertragen worden, so sollte die Erscheinung viel öfter das Leid und die Todesangst des Erschienenen ausdrücken, anstatt Trost oder Banalitäten darzustellen. Bei einer telepathischen Auslösung von Erscheinungen sollten außerdem öfter Lebende erscheinen und nicht so überhäufig Tote.

Zu den Kritiken an den *Nahtoderlebnissen* ist zu sagen, dass keine der angeführten neurophysiologischen Theorien alle bei den NTE auftretenden Phänomene erklären kann, auch treten NTE bei Personen ohne Medikamenteneinnahme und bei vollem Bewusstsein auf; Drogenhalluzinationen und Träume sind außerdem viel variabler. Viele Kritiken der ÜH-Gegner klingen plausibel, wenn man sie ganz allgemein vorträgt, schaut man sich aber die Phänomene im Detail an, so bleiben oft einige Zweifel. Würde es sich bei den NTE beispielsweise um Wunschdenken handeln, dann sollten sterbende Kinder viel öfter ihre Eltern halluzinieren und nicht verstorbene Verwandte, die sie nie zuvor gesehen haben, auch hatten Patienten, die an das Überstehen ihrer Krankheit glaubten, keinerlei Grund zum Wunschdenken. Wie die Studie von Osis und Haraldsson zeigte, spielen psychologische Faktoren wie Stress und medizinische Faktoren wie Medikamente und Hirnschädigungen bei den *Sterbebett-Visionen* keine ausschlaggebende Rolle.

Dass einige Kritiker weltanschaulich bedingten Abwehrmechanismen unterliegen, ist manchmal bei den *Reinkarnationsfällen* unübersehbar – wenn beispielsweise die daran beteiligten Personen als vom Teufel verführt bezeichnet werden –, und die Hypothese vom Zugriff auf spezifische Gedächtnisspeicher eines Weltgeistes zur Erklärung von mitgeteilten Informationen, die selektiv auf die Gedächtnisstruktur eines Verstorbenen passen, mag bei Medien im abnormen Trance-Zustand plausibel erscheinen, jedoch kaum bei Kindern im normalen Wachzustand. In seltenen Fällen wurde das Kind eines Reinkarnationsfalles geboren, bevor die vorangegangene Persönlichkeit starb, nach der Telepathie- und Halluzinationshypothese sollte man aber Derartiges (und vor allem Identifizierungen mit noch Lebenden) viel häufiger erwarten; das seltene Auftreten solcher Fälle des später Geborenen könnte eher die Verdrängung einer zuvor inkarnierten Seele bedeuten. Bemerkenswert ist auch, dass bei Gegenüberstellungen mit der angeblich früheren Familie Täuschungsversuche der Familie oft nicht zu falschen Wiedererkennungsbehauptungen des Kindes führen. Die ASW-Hypothese erklärt außerdem nicht die Identifizierung des Kindes mit der früheren Persönlichkeit; die mitgeteilten Informationen werden erlebt als die eigenen Erinnerungen, was bei Sensitiven und Medien auch manchmal vorkommt, aber nie über mehrere Jahre hinweg.

Obwohl die *außerkörperlichen Erfahrungen* zunächst nur als ein indirektes Argument für das Überleben angeführt werden, nämlich als Beleg für die Existenz des Bewusstseins ohne Körper, und obwohl die Gegner diesem Argument begegnen können (der Körper als Trägersubstanz von Bewusstseinsphänomenen existiert während dieser Erfahrungen; AKE seien deshalb Sinnestäuschungen), ergibt sich dennoch aus den AKE-Untersuchungen ein interessantes Argument. Wie Sabom in seinen Untersuchungen zeigen konnte, entsprechen die AKE, welche Patienten während Operationen und Notfallmaßnahmen machten, zu einem großen Teil tatsächlich den wirklich stattgefundenen Vorgängen, da aber Nahtoderlebnisse meistens mit AKE beginnen und da es dabei einen mehr oder weniger kontinuierlichen Übergang von den Beobachtungen des eigenen Körpers und seiner physikalischen Umwelt zu den Beobachtungen in einer vermeintlich jenseitigen Welt zu geben scheint, liegt die Vermutung nahe, dass auch die späteren Erlebnisse von NTE teilweise wahr sind.

7.3 Fazit

Wie in jedem wissenschaftlichen Forschungsprojekt gibt es auch bei dieser Forschungsfrage viele einander gegenüber stehende Argumente und alternative Theorien, und in den beiden Kapiteln 5 und 6 wurden die Standpunkte der Befürworter und Kritiker der ÜH detailliert beschrieben. Unter den vielen Erlebnisberichten zu den einzelnen Phänomenarten mag es ab und zu Betrügereien geben, dass es solche Phänomene tatsächlich gibt, kann jedoch nicht angezweifelt werden. Betrug, Gedächtnistäuschungen und Übertreibungen spielen vermutlich nur bei den Details der Berichte eine wichtigere Rolle, jedoch stützen sich die Argumente der Befürworter manchmal gerade auf Details der Geschehnisse. Ein anderes wichtiges Argument der Kritiker ist, dass es sich bei Phänomenen wie den Erscheinungen, Medienkundgebungen und Nahtoderlebnissen um Halluzinationen handele; wenn man jedoch bedenkt, dass es wegen der QM derzeit kein allgemein akzeptiertes wissenschaftliches Weltbild gibt und dass wir zur Zeit auch keine wissenschaftlich getesteten Theorien über Bewusstsein und über die Natur des Lebens bzw. über Biodynamik haben, sollte man mit der Halluzinationsbehauptung vorsichtig sein. Zweifelsohne gibt es Menschen, die allzu leicht ihre reinen Phantasien als Tatsachen hinnehmen, auch gibt es einflussreiche Organisationen, die aus Machtinteressen die Wahrheit bekämpfen und vor Betrug nicht zurückschrecken, aber erst wissenschaftliche Theorien über Bewusstsein und Biodynamik können uns Aufschluss darüber geben, ob derartige Phänomene bzw. deren Deutungen im Sinne der ÜH wirklich so unglaubwürdig sind, wie es viele Kritiker annehmen.

Am wenigsten überzeugend ist meiner Meinung nach die Geisterdeutung der Medienkundgebungen, denn hiergegen haben die Kritiker sehr viele und teilweise sehr überzeugende Argumente vorzubringen. An die Mitteilungen von wirklichen Geistern in den Séancen kann man wohl nur glauben, wenn man aufgrund anderer Argumente ohnehin von der Existenz der Verstorbenen überzeugt ist; zumindest soweit man keine persönlichen Erfahrungen hiermit hat und Medienkundgebungen nur vom Lesen kennt. Gewichtige Argumente für die ÜH aus den Medienkundgebungen sind aber, dass die Medien manchmal dieselbe Stimme haben und dieselbe Gestik benutzen wie die Verstorbenen. Interessanter erscheinen mir aber Sterbebett-Visionen und Nahtoderlebnisse. Leider sind jedoch die Erlebnisse in einer angeblich jenseitigen Welt nicht direkt wissenschaftlich überprüfbar, so dass man lediglich die innere Konsistenz der Berichte aller Personen mit solchen Erlebnissen untersuchen kann und man sich auf indirekte Argumente wie dem vom kontinuierlichen Übergang der AKE zu den Erlebnissen in einer anderen Welt stützen muss. Auch wäre es wünschenswert, wenn es weitere Untersuchungen wie die von Osis und Haraldsson zu den Sterbebett-Visionen gäbe. Sehr beeindruckend sind außerdem Stevensons Untersuchungen von Spontanerinnerungen an vermeintlich frühere Leben, aber auch hier sind weitere Untersuchungen und von anderen Forschern nötig (über Replikationen von anderen Wissenschaftlern siehe Mills et al. 1994 und Haraldsson 2000).

Die Hinweise auf ein Überleben in Form einer späteren Wiedergeburt, wie es sich aus den Reinkarnationsfällen ergibt, sind nicht so umfangreich wie die Hinweise auf ein Überleben aus den anderen Phänomenbereichen; insbesondere im Westen gibt es nur wenige interessante Fälle, aber aus theoretischen Gründen sind die Überlebensargumente der anderen Bereiche auch indirekte Argumente für die Wiedergeburt. Denn sollte ein menschlicher Körper für seine Steuerung eine Entelechie oder Seele benötigen, dann läge die Vermutung nahe, dass diese steuernde Instanz nicht für jeden entstehenden Körper erst neu erschaffen wird: Entsprechend der Komplexität des menschlichen Körpers sollte eine Entelechie ebenfalls eine komplexe Entität sein, eine mit dem Körper während der Embryogenese parallel sich erst herausbildende Entelechie wäre denkbar, aber nicht unbedingt zu erwarten, da diese doch schon dazu in der Lage sein soll, die hochkomplexe Genexpression der Vorgänge der ontogenetischen Entwicklung zu steuern. Nach der Ansicht der ÜH-Vertreter gäbe es doch genügend einsatzbereite Entelechien, so dass eine völlige Neuerschaffung unnötig wäre. Plausibler ist deshalb die Vermutung, dass eine Entelechie nacheinander verschiedene Körper steuern kann und dass die Komplexität solcher Instanzen sich während der phylogenetischen Evolution von den niedersten biologischen Lebewesen zum Menschen entwickelte. Dass es tatsächlich eine steuernde Instanz geben könnte, ist naturwissenschaftlich nicht undenkbar, denn die Naturgesetze der unbelebten Natur sind kausal-deterministisch (in der QM verbunden mit einem scheinbaren Zufallscharakter), die Prozesse eines Körpers jedoch zielgerichtet; und für die teleonome Modifikation der Naturgesetze könnte man, wie in Abschnitt 3.1 dargestellt wurde, zusätzliche Parameter postulieren, die Teile einer Entelechie sein könnten.

Ein weiteres Argument für die ÜH ist, dass die verschiedenen in Kapitel 5 beschriebenen Phänomenarten auf einfache Weise durch die Existenz von den körperlichen Tod überdauernden Wesen erklärt werden können, wohingegen die Kritiker eine Vielzahl von verschiedenen und teilweise zusammenarbeitenden Faktoren zur Erklärung anführen müssen: Betrug, Halluzination,

Telepathie, Kryptoamnesie, Verdrängung von Todesängsten, Wunschdenken, Suggestionen des Hypnotiseurs, unbewusste (und eventuell durch Psychometrie erfolgende) Informationsaufnahme, physiologische Hirnschäden der verschiedensten Arten, Nebenwirkungen von Medikamenten und Sauerstoffmangel. Je mehr Faktoren zur Erklärung für allein einen Phänomenbereich oder sogar für ein Fallbeispiel nötig sind, desto unplausibler wirkt dieser Standpunkt natürlich. Die ÜH ist jedoch nur scheinbar einfach, denn auf der ontologischen Ebene ist sie sehr komplex. Zur Erklärung der Phänomene müsste nicht nur eine überdauernde Seele, eine Entelechie oder ein psychischer Faktor postuliert werden, sondern zusätzlich eine jenseitige, eventuell unphysikalische Welt, es müsste außerdem ein noch unbekannter physikalischer Mechanismus zur Herbeiführung der Erscheinungen angenommen werden und/oder ein Mechanismus zur telepathischen Kommunikation mit Verstorbenen, und aus den Nahtoderlebnissen ergibt sich zusätzlich die Annahme höherer Wesen, will man dieses Element der NTE nicht als Halluzination wegerklären und damit den Gegnern der ÜH den Halluzinationsfaktor zur Wegerklärung auch der anderen Phänomene an die Hand geben.

Zu den fünf Elementen einer Theorie im Sinne der ÜH (Entelechie, zusätzlicher jenseitiger Seinsbereich, Mechanismus zur Bildung von Erscheinungen, Telepathie, höherstehende Geisteswesen) sollen nun einige Anmerkungen bezüglich ihrer wissenschaftlichen Plausibilität angeführt werden. *Telepathie* kann man auch unabhängig von der ÜH vermuten, ist also kein Erklärungsfaktor, der nur für die ÜH postuliert werden muss. Für die Existenz von Telepathie gibt es unabhängig von der Überlebensfrage überzeugende Belege und als Ansatzpunkt zur Erklärung dieses Phänomens bieten sich die EPR-Korrelation und die Quantenteleportation der QM an, welche einen noch unbekannten Informationsübertragungsmechanismus vermuten lassen. Was die Postulierung einer *Entelechie* betrifft, muss daran erinnert werden, dass Theorien zur Erklärung des Bewusstseins und der biologischen Dynamik ohnehin noch gefunden werden müssen, und allein zur Erklärung dieser Phänomene wird man eventuell heute noch unbekannte Eigenschaften oder Entitäten der Natur postulieren müssen. Auch gibt es in der Physik wegen der QM immer mehr Physiker, die einen *verborgenen Seinsbereich* vermuten; Heisenberg sprach von der Potenzialität, aus der heraus unsere beobachtbaren Dinge aktualisiert würden, und Bohm unterschied die explizite und die implizite Ordnung. Ein solcher zusätzlicher Seinsbereich der heutigen QM mag zwar kaum als spiritistische Lebenswelt von Seelen Verstorbener plausibel erscheinen, aber als Lagerungsstätte für entelechiale Strukturen, die von dort aus den Körper der physikalischen Realität steuern und die zwischen den Inkarnationen nur in einem Traumzustand sind, ist er denkbar. Zumindest deutet die QM an, dass unsere materielle Welt nicht die gesamte Wirklichkeit ausmacht. Was die *Erscheinungen* betrifft, wären sie physikalisch existent, so wäre dies tatsächlich eine sehr große Herausforderung an die Physik. Da Erscheinungen eine soziale Funktion zu spielen scheinen, wären sie – falls sie nicht nur telepathisch ausgelöste psychische Wahrnehmungserlebnisse wären, sondern tatsächlich physikalisch existent – ein sehr beeindruckendes physikalisch-soziales Emergenzphänomen. Aus heutiger wissenschaftlicher Sicht ist dieses physikalisch nicht undenkbar, denn aus der Elementarteilchenphysik wissen wir, dass Elementarteilchen keine unzerstörbaren Grundsubstanzen sind, sondern permanent entstehen und vergehen. Als Argument für die ÜH müssen aber Erscheinungen nicht unbedingt physikalisch existent, sondern könnten auch telepathisch ausgelöste Bewusstseinsphänomene sein. Ein mögliches fünftes Element einer Theorie des Überlebens sind die *höheren Geistwesen*, worauf nun als Letztes einzugehen ist. Bei den Sterbebett-Visionen treten beispielsweise in den USA und in Indien unterschiedliche religiöse Figuren auf, auf der einen Seite etwa Jesus und Maria, auf der anderen Seite beispielsweise Krishna, so dass – will man diese Unterschiede nicht als kulturell bedingte Halluzinationen oder gar als verschiedenartige existierende Götter bewerten – unterschiedliche symbolische Darstellungen von erlebten und wirklich existierenden höheren Wesen vorkommen, soweit es nicht nur unterschiedliche rationale Interpretationen der gleichen Wahrnehmungserlebnisse sind. Die *symbolische Darstellungsform* von Informationen scheint somit für die ÜH ein weiterer notwendiger Erklärungsfaktor zu sein (zumindest für Engel o.ä.); jedoch weiß man aus Träumen und Meditationserlebnissen, dass symbolische Verkleidungen tatsächlich auftreten können. Was die genaue Natur dieser Wesen betrifft, so kann man in der Meditation manchmal Wesen erleben, die man im ersten Augenblick ebenfalls als symbolische Darstellungen von Gott o.ä. deutet. Wenn man aber derartige Erfahrungen über einen längeren Zeitraum hinweg häufiger macht, dann ändert man seine Meinung manchmal und hält die Vision nur noch für einen möglicherweise sehr weit entwickelten Menschen, den man telepathisch wahrnimmt. Entsprechend haben die Patienten mit NTE und Sterbebett-Visionen dieses Erlebnis in der Regel nur einmal – und glauben deshalb an die zunächst nahe liegende Deutung als höhere Wesen (Jesus, Krishna etc.). Da Patienten diese Wesen vermutlich nur in einer symbolischen Darstellung erleben (falls es sie überhaupt geben sollte), können wir über ihre Natur keine genaueren Aussagen machen, es müssten aber nicht notwendigerweise Götter, Dämonen o.ä. sein.

Die vorangegangenen Erläuterungen zeigen, dass die Annahme der ÜH zu einer tiefgreifenden Änderung unserer Weltsicht führen würde, weshalb man für eine solche Änderung sehr gute Gründe fordern kann. Gäbe es nur den einen

Phänomenbereich beispielsweise der Medienkundgebungen, so wäre es durchaus vertretbar, dieses nur als Fabulierung plus Telepathie zu bewerten; gäbe es nur den einen Phänomenbereich der Erscheinungen, so wäre auch hier die Deutung der Halluzination akzeptabel; gäbe es nur den einen Bereich der Reinkarnationsfälle, so wäre es nahe liegend, die Krankheit der multiplen Persönlichkeit, verbunden mit der Fehldeutung des Wissens als Erinnerung an ein früheres Leben, zu vermuten. Aber alle Phänomenbereiche zusammen als einen Hinweis auf ein mögliches Überleben des körperlichen Todes zu ignorieren, scheint mir nicht sehr rational zu sein. Alle Phänomenbereiche zusammen genommen legen nahe, dass an der ÜH etwas Wahres dran sein könnte. Natürlich kann man so argumentieren, allen Phänomenen läge als Auslöser unsere Todesfurcht zugrunde und diese Todesfurcht produziere immer wieder irgendwelche Effekte, um sich mit dem Glauben an ein künftiges Leben zu trösten. Aber welche überzeugenden Argumente haben wir denn umgekehrt für den Standpunkt vom körperlichen Tod als dem endgültigen Ende? Wir beobachten, dass jeder höhere Organismus irgendwann zerfällt, aber in der Wissenschaft muss man auch in Betracht ziehen, dass es unbeobachtbare Dinge gibt und dass solche Entitäten eventuell den Zerfall des Körpers überdauern. Ein weiteres Argument ist unser fehlendes Erinnerungsvermögen an vorige Leben (abgesehen von den wenigen kindlichen Reinkarnationsfällen), aber selbst von unserer jetzigen frühen Kindheit haben wir kaum Erinnerungen, so dass Erinnerungen an ein vorangegangenes Leben ohnehin unwahrscheinlich sein sollten. Solange es keine wissenschaftlich getestete Bewusstseinstheorie und keine Theorie des Lebens gibt, lässt sich nicht zwingend behaupten, dass alle für die ÜH angeführten Argumente keinerlei Aussagekraft besäßen. Wie wenig wir über das gesamte Sein wissen, würde besonders das Auftreten von Präkognition verdeutlichen, sollte es das geben; zusätzlich zur in der Gegenwart beobachtbaren Materie müsste es dann noch etwas Anderes geben, was dieses ermöglicht. Und zumindest hat die QM der Physik verdeutlicht, wie wenig wir heute über die Natur wissen. Könnte es nicht umgekehrt so sein, dass der Glaube an Argumente für den absoluten Tod ein Wunschdenken von Leuten ist, die sich an ein bestimmtes materialistisches Weltbild gewöhnt haben und nun nicht umdenken wollen?

Angesichts der heutigen empirischen und theoretischen Sachlage sollte man also mit einer endgültigen negativen Entscheidung über die ÜH vorsichtig sein und die Frage nach dem Überleben zumindest offen lassen. Wäre man dazu gezwungen, sich pro oder contra zu entscheiden, etwa um als Wissenschaftler an dem einen oder anderen Forschungsprojekt teilzunehmen, so würde ich persönlich mich angesichts der empirischen Befunde für die Annahme vom Überleben entscheiden, auch weil das Computer-Weltbild und die von mir vorgeschlagenen Theorien über Bewusstsein und Biodynamik Derartiges erlauben. Die gegenseitige Abwägung der vorliegenden Argumente und Gegenargumente für ein Gesamturteil ist jedoch derzeit sehr subjektiv, aber gerade deshalb sollte dieses Forschungsprojekt in Zukunft stärker gefördert werden, als es derzeit der Fall ist; die Frage nach dem Überleben ist für uns Menschen sehr bedeutsam und sie hat auch je nach Antwort handlungsrelevante Konsequenzen.

7.4 Zu untersuchende Forschungsfragen

Den Befürwortern der ÜH ist es nicht gelungen, trotz umfangreicher empirischer Untersuchungen das Überleben des körperlichen Todes zu beweisen, und dies verdeutlicht sehr gut, dass es kein induktives Schlussverfahren von den empirischen Daten zur Theorie gibt. Aus diesem Grund sollte man in Zukunft umgekehrt vorgehen, zunächst Theorien über Bewusstsein und Biodynamik detailliert ausarbeiten und experimentell testen, um bei akzeptablen Theorien zu sehen, was solche Theorien über die Steuerung des Körpers und über einen körperlosen Zustand aussagen.

Auch für die Kritiker der ÜH ist es wichtig, eine physiologische Bewusstseinstheorie zu entwickeln, denn wie es bei Unfällen und während Operationen unter Vollnarkose möglich sein kann, Bewusstseinszustände wie die der AKE und ohne unfall- oder operationsbezogene Schmerzen zu erleben, ist in Zukunft von dieser Seite her genauer zu klären. Besonders wichtig für den Standpunkt der Kritiker ist auch, die Natur und den Umfang der ASW zu erforschen, denn von den Kritikern wird behauptet, die durch Medienkundgebungen und Erscheinungen gewonnenen Erkenntnisse könnten telepathisch erworben worden sein, was besonders erstaunlich ist in denjenigen Fällen, in denen die gegebenen Informationen sehr genau auf die zu vermutende Gedächtnisstruktur eines Verstorbenen passen, was manchmal mit Gedächtnisspeichern eines Weltgeistes gedeutet wird. Wie weit die Möglichkeiten des Unterbewusstseins reichen, ist sicherlich eine interessante und wichtige Forschungsfrage. Gerade die naturwissenschaftlichen Kritiker der ÜH, welche zusätzlich die Existenz von ASW ablehnen, verlieren ein wichtiges Argument, wenn sie auf die Möglichkeit der Erklärung mit ASW verzichten, und ohne Telepathie die meisten Argumente der ÜH-Vertreter allein mit Hinweis auf Betrug und Halluzinationen zu kritisieren, ist von unbelehrbarem Dogmatismus kaum zu unterscheiden. Um die Möglichkeiten des Unterbewusstseins besser kennenzulernen, wäre auch eine detailliertere Untersuchung von LSD-Erlebnissen und deren Vergleich mit NTE nützlich.

Schließlich gibt es noch den Standpunkt, wonach es zwar eine Fortdauer von Persönlichkeitselementen wie Gedächtnisspuren gibt, man dieses aber nicht als Überleben der Persönlichkeit bewerten könne. Von dieser Denkrichtung her betrachtet ist wichtig zu erforschen, inwieweit jede Form von Materie ein Gedächtnis haben könnte, wie es dadurch zur Speicherung von Handlungen und Persönlichkeitsmerkmalen von Verstorbenen kommen könnte und wie diese Gedächtnisspuren in Séancen und bei Erscheinungen zur künstlichen Erschaffung von kurzzeitigen Scheinpersonen führen könnten. Die alleinige Fortdauer von Gedächtnisspuren ohne ein wirkliches Überleben der Gesamtpersönlichkeit ist heutzutage denkbar, die Reinkarnationsfälle mit responsiver Xenoglossie und mit Aufführungen von Tänzen und Gesängen scheinen andererseits eher für das Überleben zu sprechen, was jedoch genauer erforscht werden muss.

Welche Ergebnisse auch immer alle diese Forschungsrichtungen in Zukunft liefern könnten, man würde hierdurch auf jeden Fall sehr viel über die Natur lernen. An dieser Stelle soll auch noch einmal auf die von mir vorgeschlagenen Theorien über Biodynamik und Bewusstsein eingegangen werden. Wie in Kapitel 3 beschrieben wurde, kann angenommen werden, dass biologische Prozesse von Systemen nichtlinearer Differenzialgleichungen bestimmt werden, die in den Differenzialgleichungen enthaltenen Parameter könnten jedoch variabel sein und durch eine entsprechende Einstellung der Parameterwerte könnten Attraktoren entstehen, die die Zielzustände der biologischen Prozesse ausmachen. Die funktionelle Einstellung der Parameterwerte sollte die erste Stufe der biologischen Naturgesetze ausmachen, und erst nachdem die Differenzialgleichungen vollständig aufgestellt sind, sollten die biologischen Prozesse entsprechend dieser Gleichungen ablaufen. Wie es genau dazu kommt, dass sich materielle Objekte in Übereinstimmung mit den Naturgesetzen verhalten, ist heute noch unbekannt; in der Regel werden Naturgesetze als unveränderlich und universell gültig betrachtet, aber vielleicht gibt es in der Biologie zumindest Teile der Naturgesetze, die sich nur auf bestimmte Organismen beziehen und die gegenüber den universell gültigen Teilen der Naturgesetze eine gewisse Autonomie bzw. Variabilität besitzen. Derartige individuell verschiedene Teile der Naturgesetze könnten die Parameter der Differenzialgleichungen und die Strukturen und Prozesse sein, die die Parametereinstellungen bewirken. Es ist denkbar, dass nach dem Zerfall eines Organismus diese Teile der Naturgesetze fortexistieren und eventuell später als Teile von Naturgesetzen die Dynamik eines anderen Organismus bestimmen. Könnten diese Teile der Naturgesetze während der Lebensdauer eines Organismus in Abhängigkeit beispielsweise der Hirnstruktur einer Veränderung unterliegen, so wäre auf diese Weise eine Fortdauer von Persönlichkeitselementen nach dem körperlichen Tod in Form von Gedächtnisspuren denkbar. Ob es sich hierbei nur um eine Fortdauer von Persönlichkeitsteilen im Sinne Broads handelt oder um das Überleben einer intakten Persönlichkeit auf der Ebene von supervenierenden Naturgesetzen, wie Gauld es bezeichnen würde, wird man erst nach einer vollständigen Ausarbeitung und dem experimentellen Test einer solchen Theorie der Biodynamik entscheiden können.

Bei meiner in Abschnitt 3.2 skizzierten Bewusstseinstheorie habe ich mich an der metrischen Gravitationstheorie der Allgemeinen Relativitätstheorie orientiert. Analog zur funktionellen Abhängigkeit des metrischen Gravitationsfeldes von der Materie- bzw. Energieverteilung könnte unser Bewusstseinsfeld funktionell abhängen von physiologischen Eigenschaften des Gehirns und zusätzlich von Parametern wie variablen Naturkonstanten, wie sie in meiner Biodynamik-Theorie postuliert werden. Und ebenso wie die Feldgleichungen der Allgemeinen Relativitätstheorie ein metrisches Feld ohne Vorhandensein von Materie erlauben, wäre auch ein Bewusstseinsfeld ohne Gehirn theoretisch denkbar. Da sich normalerweise unsere Bewusstseinsinhalte hauptsächlich auf Objekte beziehen, die wir durch sensorische Informationsaufnahmen erleben, diese sensorischen Informationen aber nach dem körperlichen Tod wegfallen (höchstens noch eine Wahrnehmung mittels ASW möglich wäre), sollte ein mögliches Bewusstsein nach dem körperlichen Tod in der Regel eine geringere oder gar keine Vitalität als das mit einem physikalischen Körper verbundene Bewusstsein aufweisen. Ein traum- oder schlafähnlicher Zustand, wie Price ihn vermutet, könnte somit vorliegen bei Bewusstseinszuständen, die sich aus Feldgleichungen ergeben, die keine Werte für Hirneigenschaften und nur noch gering variable Parameterwerte enthalten. Solche Bewusstseinszustände würden vielleicht keine oder nur selten eine derartige Vitalität erlauben, wie sie in den NTE in einer angeblichen jenseitigen Welt erlebt werden, eher könnte man sie mit den halb automatenhaften Erscheinungen oder den vergesslichen und Banalitäten redenden Geistern der Medienkundgebungen vergleichen. Aber NTE werden von Personen berichtet, deren physikalisch-materieller Körper als Trägersubstanz ihres Bewusstseins während des Erlebnisses noch existierte, sie sind deshalb keine Widerlegung der Vermutung von rein schlafähnlichen Bewusstseinszuständen nach dem körperlichen Tod. Inwieweit die von mir vorgeschlagenen Theorien über Biodynamik und Bewusstsein Aufschlüsse über eine mögliche Fortdauer von Persönlichkeitsteilen oder gar über Möglichkeiten des Überlebens von Gesamtpersönlichkeiten bzw. Seelen oder Entelechien geben können, wird sich aber erst nach einer vollständigen Formulierung und nach experimentellen Tests dieser Theorien beurteilen lassen.

Als eine der wichtigsten Empfehlungen für zukünftige Forschungen komme ich nun zu den schon in einem früheren Kapitel erwähnten Theorien des theoretischen Physikers Burkhard Heim. Eine der wichtigsten Forschungsbemühungen der theoretischen Physik unserer Zeit ist der Versuch, die Gravitation mit den anderen Wechselwirkungsarten zu verbinden, und Burkhard Heim glaubt, dass ihm dieses gelungen sei. In Anlehnung an Einsteins Bemühungen um eine Geometrisierung der Materie hat Heim zusammen mit Dröscher eine

Theorie über den Aufbau der Materie vorgelegt, die scheinbar alle Grundkräfte umfasst und sogar die QM verstehbar macht, wobei Allgemeine Relativitätstheorie und QM als Approximationen in der Theorie enthalten sind (Heim 1989, 1984; Dröscher, Heim 1996). Diese Theorie ist in der vorliegenden Arbeit deshalb erwähnenswert, weil man sie als das naturwissenschaftliche Gegenstück zum naturphilosophischen Computer-Weltbild betrachten kann, und ebenso wie in diesem Weltbild ein persönliches Überleben des körperlichen Todes denkbar ist, so hat auch Heim (1994) auf seine einheitliche Theorie der Materie und Gravitation eine Theorie postmortaler Zustände aufgebaut. Wie bei einer Synthese von Elementarteilchenphysik und Allgemeiner Relativitätstheorie nicht anders zu erwarten ist, sind seine Theorien sehr schwer zu verstehen und sollen deshalb hier nur in groben Zügen beschrieben werden. (Eine kurze und relativ leicht zu verstehende Zusammenfassung seiner Theorien gibt Heim in seinem Aufsatz von 1995.) Ich werde zunächst seine einheitliche Theorie der Materie und Gravitation skizzieren, um anschließend darauf aufbauend auf seine Theorie postmortaler Zustände einzugehen.

Das heute gängige vierdimensionale Raumzeitmodell wird bei Heim um zwei im mathematischen Sinn verstandene imaginäre und unbeobachtbare Dimensionen x_5- und x_6 erweitert (da nach der QM nur reelle Größen beobachtbar sind, können wir diese zusätzlichen Dimensionen nicht direkt wahrnehmen). Innerhalb dieser Sechsdimensionalität ist unsere herkömmliche vierdimensionale Raumzeit als Unterraum aufgespannt, und die in Kapitel 2 erwähnten Potenzialitäten der quantenmechanischen Objekte werden von den höheren Dimensionen aus als Aktualisierungen in unsere Raumzeit projiziert. Die Dimension x_5 bezeichnet Heim als Entelechie, weil hier Organisationszustände bewertet werden, die sich in x_4 (der Zeitdimension unserer vierdimensionalen Raumzeit) aktualisieren, wohingegen die Aktualisierungsrichtung in x_4 aus der Dimension x_6 heraus gesteuert wird, die Heim als Äon bezeichnet. Die Feldgleichungen sind vollständig geometrisiert (das bedeutet, die Elementarteilchen sind nichteuklidische Strukturen des Raumes), allerdings im Sinne der QM gequantelt (d.h. es gibt eine kleinste, nicht zu unterschreitende geometrische Flächeneinheit).

Diese Theorie lässt sich erweitern zu einer Theorie mit einer 12-Dimensionalität, wodurch man angeblich alle Wechselwirkungsarten der Physik und die QM einbeziehen kann, und in dieser erweiterten Theorie sind Materie und Energie nur innerhalb der ersten sechs Dimensionen definierbar, weshalb man die Dimensionen x_7 bis x_{12} als den nichtmateriellen Hintergrund der Welt bezeichnet, in dem u.a. informatorische Vorgänge ablaufen (Dröscher, Heim

1996). In dieser Multidimensionalität ist aber nicht nur unsere Raumzeit vorhanden, sondern eine ganze Schar von Parallelwelten und als Gegenstück zu unserer Raumzeit eine sogenannte Anti-Raumzeit möglich.

Auf seine physikalische Theorie mit sechs Dimensionen baut Heim eine Theorie postmortaler Zustände auf, die nun kurz beschrieben werden soll (und die meiner Einschätzung nach mit meinen Theorien über Biodynamik und Bewusstsein vereinbar ist, wenngleich bei einer diskretisierten Raumzeit statt Differenzialgleichungen Differenzengleichungen zu benutzen sind). Da biologische und psychologische Vorgänge sehr komplex sind, kann angenommen werden, dass darauf sich beziehende Theorien nicht mathematisch so exakt formuliert werden können wie die physikalischen Theorien der anorganischen Materie, und Heim glaubt, dass in einem Teil dieser Bereiche nur Strukturen in unquantifizierbarer Weise existieren, deren Beschreibungen er als qualitative Erklärungen bezeichnet. Die materiellen Organisationen innerhalb der Raumzeit sind nach seiner Theorie Manifestationen von x_5- und x_6-Strukturen, die er Ideen nennt, und diese entelechialen Entitäten dieser Dimensionen sind zu höheren Organisationspotenzen gruppiert, die das Verhalten des Leibes der raumzeitlichen Organismen, Soma genannt, bestimmen. Die Naturgesetze sind nach Heim hierarchisch geordnet: die physikalischen und chemischen Gesetze der anorganischen Materie bilden den Existenzbereich α, dem übergeordnet sind die Gesetzmäßigkeiten β der Biologie, darüber liegt der Existenzbereich γ der Psyche (worunter er Emotionen u.ä. versteht) und an der Spitze steht der Bereich δ des Mentalen (rationales Denken u.ä.). Das mit dem Körper verbundene Leben spielt sich in den Bereichen α bis δ ab, beim Tod bleiben aber nur die Entitäten aus δ zurück. Beeinflusst wird der raumzeitliche Leib, das Soma, durch Aktivitätenströme in den höheren Dimensionen, und der als Leben definierte Zustand erfolgt durch die Dynamik dieser Aktivitätenströme, die in Bezug auf x_5 steigen und fallen und die bei ihrem Schnitt mit dem herkömmlichen Raum R_3 als Informationsmuster im Soma Wahrscheinlichkeiten verschieben und dadurch somatische Zustände verändern (Heim 1994: 65f). Die Persönlichkeit eines Menschen, die aus Strukturen im δ - Bereich besteht, bezeichnet Heim als Persona und kennzeichnet sie in seiner Theorie mit dem Term Π_+ (und in diesem δ -Bereich befindet sich auch ein den körperlichen Tod überdauerndes Gedächtnis). In seiner Theorie spielt außerdem ein sogenannter Assimilationsfaktor ε eine Rolle, auf den hier nicht näher eingegangen werden soll; aber z.B. bei der Entstehung eines biologischen Lebewesens finde der Anschluss der persönlichen Entelechie an den Organismus folgendermaßen statt (ebd. S. 87): „Bei $\varepsilon = \varepsilon_a$ kommt es dann zum spontanen Π_+ - Einschlag $\varepsilon = 1$ an die β-Komponenten des in α-Elementen kodierten genetischen Informationsmusters." Der Phänotyp wird jedoch nicht nur vom

Genotypen bestimmt, sondern auch von Strukturen im δ Bereich. Dem Inkarnationsvorgang bei der Entstehung des Lebens steht ein Sterbevorgang am Ende gegenüber, nach dem Tod ist eine Reinkarnation in unserer Raumzeit R_4 oder auch eine Inkarnation in einer anderen Welt möglich, und während der postmortalen Zeit in Parallelräumen sind dynamische Umstrukturierungen und Imaginationen möglich. Heim macht zu den jeweiligen Vorgängen sehr interessante Bemerkungen, ebenso zu vielen parapsychologischen Phänomenen wie Telepathie, Präkognition, den Tunnelerlebnissen, Lichtgestalten etc., wodurch man seine Theorie vielleicht wird empirisch überprüfen können.

Inwieweit Heims Theorien akzeptabel sind, lässt sich heute nicht endgültig entscheiden, denn die Rezeption seiner Theorien von der Wissenschaftlergemeinschaft hat erst begonnen; zumindest scheinen sie mir in die richtige Richtung zu verweisen. Achtenswerte Leistungen sind, dass man aus seiner Weltgleichung als Approximationen sowohl die Feldgleichungen der Allgemeinen Relativitätstheorie als auch die Grundgleichungen der Quantenelektrodynamik erhalten kann, außerdem konnte Heim eine Massenformel herleiten, die angeblich sehr exakt die Massen der heute bekannten Elementarteilchen wiederzugeben scheint. Was aber seine Theorie der postmortalen Zustände betrifft, ist kaum zu verstehen, wie er zu diesen Ideen gekommen ist, denn er hat eine eigene Methodik (bzw. eine neue Formalismusart?) entwickelt, die er in seinem Buch nur andeutet. Letzten Endes können aber ohnehin nur empirische Untersuchungen über den Wert seiner Theorien entscheiden. Wie immer auch in Zukunft die Bewertung seiner Theorien ausfallen wird, eine theoretische Analyse seiner Ideen und ihr empirischer Test würden so oder so für unser Selbstverständnis sehr wichtige Aufschlüsse geben, denn selbst negative Resultate könnten uns Hinweise geben, wie eine bessere Theorie aussehen müsste. Was die Einführung von zusätzlichen Dimensionen betrifft, so bin ich der Meinung, dass dies schon die heutige QM sehr stark vermuten lässt (soweit man nicht Raumzeitvorstellungen ganz aufgeben will), denn wie sonst könnten aus dem Quantenvakuum die Elementarteilchen entstehen? Der erste Physiker, der eine zusätzliche Raumdimension postulierte, war übrigens im 19. Jahrhundert der Begründer der Astrophysik, Prof. Friedrich Zöllner (aufbauend auf Kant und Riemann), der hiermit paraphysische Phänomene der Spiritismus-Medien erklären wollte (s. Tischner 1922).

7.5 Philosophische Abschlussbetrachtungen

Bei den außerkörperlichen Erfahrungen kommt es während Operationen unter Vollnarkose scheinbar zu wahrheitsgetreuen Beobachtungen der Umwelt, so dass sich die Frage stellt, wozu denn überhaupt Sinnesorgane nötig sind, wenn Beobachtungen selbst mit geschlossenen Augen möglich sein sollen. Erscheinungen von Lebenden und sogar von Verstorbenen und jenseitsbezogene Erfahrungen von Menschen in Koma verschärfen die Frage dahingehend, ob nicht vielleicht unsere gesamte beobachtbare Außenwelt nur eine Illusion ist. Die Frage nach der tatsächlichen Existenz unserer vermeintlichen Realität ist ein sehr altes philosophisches Problem, das in neuerer Zeit wegen einiger Phänomene und wegen einiger theoretischer Konzepte der QM sogar von mehreren herausragenden Physikern unserer Zeit ernsthaft diskutiert wurde. In meinem Buch über das Realismusproblem in der QM (Arendes 2023b) habe ich diese Thematik ausführlich behandelt mit dem Ergebnis, dass wir vermutlich tatsächlich Strukturen einer unabhängig von uns existierenden Welt erkennen, dass diese Realität sich jedoch sehr stark von dem unterscheiden könnte, wie wir sie mit unseren subjektiven Wahrnehmungsstrukturen beobachten. Um meine realistische Deutung der QM anschaulich zu verdeutlichen, habe ich die Welt mit einem Computer verglichen, wie ich es in Kapitel 2 beschrieben habe, und ob man die Bildschirm-Welt eines Weltcomputers als existierende Realität oder als Illusion (Maya) deutet, mag Geschmackssache sein; aber zumindest die im Computer-Weltbild (CWB) als Software-Strukturen aufzufassenden Naturgesetze sollten eine objektive Existenzform haben. Neben der QM sind die in der hier vorliegenden Arbeit behandelten Phänomenarten ein weiterer Hinweis darauf, dass das klassische wissenschaftliche Weltbild (das atomistisch-mechanistische Weltbild der klassischen Physik) nicht haltbar ist und durch ein adäquateres ersetzt werden muss. Interessanterweise lässt sich das CWB, das ich nur für die Interpretation der QM entwickelt hatte, auch dazu verwenden, die hier beschriebenen Phänomene und im Sinne der ÜH zu veranschaulichen. Fasst man die biologischen Organismen als ein mit einem Zentralrechner (Server) verbundenes Rechnernetzwerk auf, so kann jeder einzelne Rechner Informationseingaben über Videokamera und Mikrofon (welche bestimmte Informationskanäle darstellen) erhalten, bei abgeschalteter Videokamera (was den geschlossenen Augen entspräche) könnte jedoch jeder Rechner auch über einen anderen, eventuell direkteren Informationskanal Informationen aus dem Zentralrechner erhalten, was den AKE unter Vollnarkose entsprechen würde. Was die AKE betrifft, ist auch zu überlegen, ob die Sprechweise, das Bewusstsein sei innerhalb oder außerhalb des Körpers, nicht völlig inadäquat ist, denn viele Interpretationsprobleme der QM legen die Vermutung nahe, dass unsere Raumzeitvorstellungen von der Realität unangemessen sind. Die Adäquatheit der Sichtweise, das Bewusstsein sei im Gehirn, kann auch aus rein psychologischen Erwägungen bezweifelt werden: Steht man beispielsweise auf einem Berggipfel und beobachtet ein sich über viele Kilometer erstreckendes Tal, dann soll dieses visuelle Bewusstseinsfeld im kleinen Gehirn stecken und von denjenigen im Gehirn ablaufenden Prozessen, die an dieser Wahrnehmung nicht beteiligt sind, aber über das gesamte Gehirn verteilt sind, nicht gestört werden? Wie plausibel diese Sichtweise ist, wird man vielleicht erst abschätzen können, wenn wir eine wissenschaftlich getestete Bewusstseinstheorie haben.

Anstatt die gesamte Welt als ein aus vielen Rechnern bestehendes Rechnernetzwerk zu betrachten, kann man sich auch vorstellen, dass es nur einen Rechner gibt, der aber sehr viele relativ autonome Prozessoren (evtl. mit jeweils eigener Software) enthält, die aus dem Hauptprozessor (bzw. aus einem übergeordneten Multiprozessorsystem) entstanden sind und die die verschiedenen Entelechien oder Seelen der Lebewesen darstellen und denen auf dem Universalbildschirm des Hauptprozessors jeweils ein kleiner Bildschirm und Peripheriegeräte (was dem Bewusstseinsfeld und dem physikalischen Körper entsprechen würde) zugeordnet sind. Nach der Zerstörung der auf dem Universalbildschirm abgebildeten Peripheriegeräte (nach dem körperlichen Tod) könnte der betreffende Prozessor weiterhin existieren und später an neue Peripheriegeräte angeschlossen werden (was einer Wiedergeburt entsprechen würde).

Ein Prozessor ist das Herzstück eines Computers; er steuert die Datenverarbeitung, führt Berechnungen und Vergleiche aus, speichert Ergebnisse und veranlasst die Ein- und Ausgabe der Daten. Die Prozessordeutung der aristotelischen Entelechie könnte man in Zukunft im Rahmen des Forschungsprojektes *Künstliches Leben* genauer untersuchen. In dieser Forschungsrichtung bemüht man sich darum aufzuklären, was die Grundprinzipien des Lebens sind, indem man entweder reale biologische Organismen und künstliche Wesen in Computern simuliert oder augenscheinlich lebensähnliche Maschinen (Roboter) baut (s. Terzopoulos et al. 1994; Adami 1998; Langton 1995). Da für Simulationen ein Prozessor ohnehin nötig ist, kann man bei Untersuchungen im Sinne meiner Hypothese simulierte organismusspezifische Prozessoren zwanglos hinzufügen und deren Wirkungsmöglichkeiten genauer erforschen. Auf diese Weise könnte man etwa nach dem Tod eines Lebewesens den freiwerdenden Prozessor für eine Neugeburt einsetzen, wodurch dieses Lebewesen eventuell Verhaltensweisen bekommt, die für den verstorbenen

Organismus charakteristisch waren. Vielleicht wird man einmal aus derartigen Gedankenexperimenten Ideen für experimentelle Tests mit wirklichen Organismen erhalten.

Beim Betriebssystem Linux gibt es sogenannte Dämonen (engl. daemons), welche Hintergrundprogramme sind, die keinen direkten Einfluss auf die Bildschirmausgabe haben und die bei meinem Weltbildvergleich die höheren Wesen darstellen könnten; sie sind an keinen eigenen Bildschirm mit einer darauf abgebildeten physikalischen Welt angeschlossen (die höheren Wesen sind nicht in einem physikalischen Körper inkarniert), sondern haben spezifische Funktionen im Verborgenen zu erfüllen. Ein Computer würde es aber auch erlauben, dass auf den Bildschirmen neben der herkömmlichen physikalischen Raumzeit andere wahrnehmbare Welten simuliert werden, die den höheren Sphären, an welche Spiritisten und manche Religionen glauben, entsprechen würden.

Dieses Weltbild ist natürlich nur eine bildhafte Darstellung, die nicht wörtlich zu nehmen ist, und diese Analogie lässt sich auch im Rahmen der wissenschaftlichen Weltauffassung, wie ich sie am Ende von Kapitel 2 skizziert habe, ausdrücken. Statt von Prozessoren müsste man dann von entelechialen Strukturen im Äther (bzw. in den höheren Dimensionen von Heims Theorie) und statt von Bildschirmen von Bewusstseinsfeldern sprechen.

Im 5. Kapitel sind empirische Befunde beschrieben worden, die zu einem Teil schon seit der Antike bekannt sind, die aber von den Naturwissenschaftlern in den letzten Jahrhunderten ignoriert worden sind. Als im 17. Jahrhundert das klassische wissenschaftliche Weltbild – das atomistisch-mechanistische – entstand, wurden die Wissenschaftler offenbar blind gegenüber Fakten, die nicht in ihr Weltbild und nicht zur Methodik des replizierbaren Laborexperimentes passen, und dies mag der Grund dafür sein, dass man in den Religionen und vor allem in den mystisch-magischen Orden teilweise ein wahres Wissen findet, das es in der Naturwissenschaft noch nicht gibt. Es ist deshalb nicht uninteressant zu überlegen, wie man sich in Anlehnung an diese Denktraditionen, verbunden mit modernem naturwissenschaftlichem Wissen, das Überleben des körperlichen Todes vorstellen könnte. Denkbar ist beispielsweise das folgende Szenario: Biologische Organismen benötigen zur Steuerung ihrer teleonomen Dynamik entelechiale Strukturen, welche aus den universell gültigen Naturgesetzen entstanden (eventuell verbunden mit einer Steuerungsinstanz ähnlich dem Prozessor eines Computers) und zu teilweise autonomen Entitäten wurden. Diese Entelechien haben sich parallel zur phylogenetischen Evolution der biologischen Organismen zu immer komplexeren Strukturen entwickelt, indem sie im Verlauf von unzähligen Wiedergeburten immer komplexere Lebewesen zu steuern lernten. In Verbindung mit den höheren Organismen entwickelte sich Bewusstsein, welches bei den besonders weit entwickelten Entelechien auch vorhanden sein könnte im körperlosen Zustand nach dem biologischen Tod. Dieses körperlose Bewusstsein könnte zunächst nur sehr rudimentär und traumähnlich gewesen sein, je entwickelter jedoch die Entelechien in den Inkarnationen wurden, desto vitaler könnten ihre körperlosen Bewusstseinszustände geworden sein. Eine Funktion unserer Inkarnationen ist vielleicht, sich so sehr zu entwickeln, bis wir im körperlosen Zustand in der Lage sind, eine vollständig bewusste und vitale Daseinsform zu haben, was dann zu einem Ende der Wiedergeburt oder zu einem Aufstieg in eine höhere Sphäre mit einer andersartigen Weltwahrnehmung führen könnte.

Das soeben beschriebene Szenario ist natürlich reine Spekulation, zu der man nicht viel Vertrauen haben kann, solange es keine wissenschaftlich getesteten Bewusstseins- und Biodynamiktheorien gibt, die Derartiges erlauben. Vielleicht ist aber zumindest ein Teil davon wahr. Was in einer früheren Zeitepoche reine Spekulation ist, könnte später einmal von Wissenschaftlern ernsthaft diskutiert werden; auch verhindern solche Überlegungen den Dogmatismus der gerade dominierenden Sichtweise. Spekulationen haben eine heuristische Funktion, und solange es für einen bestimmten Forschungsgegenstand keine befriedigende Theorie gibt, muss man sich hiermit begnügen, sich aber immer vergegenwärtigen, dass es sich um kein gesichertes Wissen handelt.

Zum Abschluss des Buches soll noch kurz angedeutet werden, welche lebensphilosophischen Handlungskonsequenzen das beschriebene Szenario haben könnte. Sollte es zu einer Wiedergeburt nicht mehr kommen, sobald man ohne einen physikalischen Körper geistig völlig aktiv sein kann, dann sollte man sich im irdischen Leben darum bemühen zu lernen, ohne ständige Sinnesreizungen zu leben, da diese nach dem körperlichen Tod fehlen. Auch ohne permanenten Konsum und ohne ständige sportliche Aktivitäten versuchen glücklich zu werden; statt hauptsächlich senso-motorisch zu leben eher intellektuell-meditativ, wäre das anzustrebende Ziel. Unsere heute im Westen dominierende materialistische Lebensweise fördert demgegenüber die körperliche Abhängigkeit.

Eine andere interessante Frage ist, ob ein mögliches Überleben des körperlichen Todes ein wünschenswerter Zustand oder eher ein Alptraum wäre. Sollte das jenseitige Leben zumindest anfangs ein Traumzustand sein, der von den Erinnerungen an das vorangegangene physikalische Leben und von den dort erlebten Bildern abhängig ist, dann könnte das jenseitige Leben für die Menschen unterschiedlich angenehm oder auch sehr unangenehm sein. Im Diesseits viele Gewaltfilme oder gar Horrorfilme zu sehen und ein negatives aggressives Leben zu führen, könnte vorwiegend Alpträume bewirken. Sich hauptsächlich um Schönes und Gutes zu bemühen – in Taten und in Gedanken – könnte demgegenüber zu einem angenehmeren Traumzustand führen. Und falls es die Wiedergeburt geben sollte, dann wären gerechte und für jedermann angenehme Lebensverhältnisse auf der ganzen Erde selbst für die größten Egoisten wünschenswert.

Da wir uns heute nicht sicher sein können, ob es ein Überleben des körperlichen Todes tatsächlich gibt und wie dieses beschaffen wäre, sollte man bei der Handlungsplanung für sein jetziges Leben beide Möglichkeiten – den völligen Tod und das Überleben – in Betracht ziehen: sich bemühen, hier und jetzt glücklich zu werden, ohne sich die Aussichten auf ein Danach zu verderben. Eine der Aufgaben der Philosophie als Lebensweisheit ist deshalb, Lebensstile auszuarbeiten, die beiden Möglichkeiten gerecht werden. Die Lichtwesen der Nahtoderlebnisse haben wiederholt geäußert, dass das Wichtigste im Leben die Liebe sei und das Zweitwichtigste der Erwerb von Wissen, was in jedem Fall eine sehr gute Handlungsanweisung darstellt.

Literaturverzeichnis

Adami, C. (1998): *Introduction to Artificial Life*. New York.

Almeder, R. (1997): 'A Critique of Arguments Offered Against Reincarnation'. *Jn. Scientific Exploration 11*: 499-526.

Arendes, L. (1996): 'Ansätze zur physikalischen Untersuchung des Leib-Seele-Problems'. *Philosophia Naturalis 33*: 55-81.

Arendes, L. (2020): *Das Computer-Weltbild. Funktionen der Naturphilosophie in der Naturwissenschaft.* Amazon KDP.

Arendes, L. (2023a): *Die wissenschaftliche Weltauffassung. Wissenschaftliche Naturphilosophie.* Books on Demand, Norderstedt.

Arendes, L. (2023b): *Das Realismusproblem in der Quantenmechanik. Gibt die Physik Wissen über die Natur?* Books on Demand, Norderstedt. (Magisterarbeit an der Univ. Gießen 1988).

Baerwald, R. (1925): *Die intellektuellen Phänomene.* Band II von: 'Der Okkultismus in Urkunden', herausgegeben von M. Dessoir. Berlin.

Barrett, W. F. (1926): *Death-bed visions*. London.

Bender, H. (1976): *Verborgene Wirklichkeit. Parapsychologie und Grenzgebiete der Psychologie.* München.

Bender, H. (Hrsg.) (1980): *Parapsychologie. Entwicklung, Ergebnisse, Probleme.* 5. Aufl., Darmstadt.

Bernstein, M. (1973): *Protokoll einer Wiedergeburt – Der weltbekannte Fall Bridey Murphy: Der Mensch lebt nicht nur einmal.* München.

Blackmore, S. (1984): 'A Psychological Theory Of The Out-Of-Body Experience'. *Jn. Parapsychol. 48*: 201-218.

Bohr, N. (1985): *Atomphysik und menschliche Erkenntnis. Aufsätze und Vorträge aus den Jahren 1930-1961*. Braunschweig.

Bouwmeester, Pan, Mattle, Eibl, Weinfurter, Zeilinger (1997): 'Experimental quantum teleportation'. *Nature 390*: 575-579.

Breckenridge, M. E., Vincent, E. L. (1950): *Child Delelopment. Physical and psychological growth through the school years*. 2. Aufl., Philadelphia.

Broad, C. D. (1962): *Lectures on Psychical Research*. New York.

Broad, C. D. (1980): *The Mind and its Place in Nature*. Neuauflage von 1925. London.

Carlson, N. R. (2004): *Physiologische Psychologie*. 8. aktual. Aufl., München.

Carr, D. (1982): 'Pathophysiology of Stress-Induced Limbic Lobe Dysfunction: A Hypothesis for NDEs'. *Anabiosis 2*: 75-89.

Chari, C. T. (1978): 'Reincarnation research: Method and interpretation'. In: M. Ebon (Hrsg.): *The Signet Handbook of Parapsychology*. New York, S. 313-324.

Chauvet, G. (1995): *Theoretical Systems in Biology: Hierarchical & Functional Integration. Vol. I: Molecules and Cells. Vol. II: Tissues and Organs. Vol. III: Organisation and Regulation*. Oxford.

Cook, E. W., Greyson, B., Stevenson, I. (1998): 'Do Any Near-Death Experiences Provide Evidence for the Survival of Human Personality after Death? Relevant Features and Illustrative Case Reports'. *Jn. Scientific Exploration: 12*: 377-406.

Dessoir, M. (1918): *Vom Jenseits der Seele. Die Geheimwissenschaften in kritischer Betrachtung*. Stuttgart.

Dessoir, M. (1947): *Das Ich, der Traum, der Tod*. Stuttgart.

Diehl, L. (Hrsg.) (1999): *Initiatenorden und Mysterienschulen. Ein Führer für Suchende auf dem westlichen Erkenntnisweg*. Berlin.

Driesch, H. (1928): *Philosophie des Organischen*. 4. Aufl., Leipzig.

Driesch, H. (1932): *Parapsychologie. Die Wissenschaft von den „okkulten" Erscheinungen. Methodik und Theorie*. München.

Dröscher, W., Heim, B. (1996): *Strukturen der physikalischen Welt und ihrer nicht-materiellen Seite.* Innsbruck.

Ellenberger, H. F. (1973): *Die Entdeckung des Unbewussten.* Bern.

Ford, A. (1972): *Bericht vom Leben nach dem Tode.* Bern.

Gauld, A. (1983): *Mediumship and Survival. A Century of Investigations.* London.

Goldstein, M. J., Baker, B. L., Jamison, K. R. (1986): *Abnormal Psychology. Experiences, Origins, and Interventions.* 2. Aufl., Boston.

Green, C. (1968): *Out-of-the-Body Experiences.* Oxford.

Green, C., McCreery, C. (1975): *Apparitions.* London.

Grof, S. (1993): *Topographie des Unbewussten. LSD im Dienst der tiefenpsychologischen Forschung.* 6. Aufl., Stuttgart.

Grof, S., Halifax, J. (1980): *Die Begegnung mit dem Tod.* Stuttgart.

Haken, H. (1982): *Synergetik. Eine Einführung.* Berlin.

Haraldsson, E. (2000): 'Birthmarks and claims of previous-life memories: I. The case of Purnima Ekanayake'. *Jn. Soc. Psych. Res. 64.1 (No. 858):* 16-25.

Haraldsson, E., Stevenson, I. (1975): 'A Communicator of the "Drop In" Type in Iceland: The Case of Gudni Magnusson'. *Jn. Amer. Soc. Psych. Res. 69:* 245-261.

Haring, C. (1995): *Einführung in die Hypnosetherapie.* Stuttgart.

Hart, H. (1956): 'Six Theories About Apparitions'. *Proc. Soc. Psych. Res. 50:* 153-239.

Hart, H. (1958): 'To what extent can the issues with regard to survival be reconciled?' *Jn. Soc. Psych. Res. 39:* 314-323.

Heim, A. (1892): 'Notizen über den Tod durch Absturz'. *Jahrbuch des Schweizer Alpenklubs 27:* 327-337.

Heim, B. (1984): *Elementarstrukturen der Materie: Einheitliche strukturelle Quantenfeldtheorie der Materie und Gravitation.* Bd. 2. Innsbruck.

Heim, B. (1989): *Elementarstrukturen der Materie: Einheitliche strukturelle Quantenfeldtheorie der Materie und Gravitation. Bd. 1.* 2. überarb. Aufl., Innsbruck.

Heim, B. (1994): *Postmortale Zustände? Die televariante Area integraler Weltstrukturen.* 3. Aufl., Innsbruck.

Heim, B. (1995): *Der kosmische Erlebnisraum des Menschen.* 3. Aufl., Innsbruck.

Heisenberg, W. (1976): 'Was ist ein Elementarteilchen?' *Naturwiss. 63*: 1-7.

Heisenberg, W. (1990a): *Ordnung der Wirklichkeit.* 2. Aufl., München.

Heisenberg, W. (1990b): *Physik und Philosophie.* 5. Aufl., Stuttgart.

Hick, J. (1989): 'A possible conception of life after death'. In: S. T. Davis (Hrsg.): *Death and Afterlife.* Houndmills, S. 183-196.

Hick, J. (1994): *Death And Eternal Life.* Louisville.

Hilgard, E. R. (1986): *Divided Consciousness: Multiple Controls in Human Thought and Action.* Erw. Aufl., New York.

Hilgard, E. R., Atkinson, R. C., Atkinson, R. L. (1975): *Introduction to Psychology.* 6. Aufl., New York.

Hövelmann, G. H. (1985): 'Evidence for Survival from Near-Death Experiences? A Critical Appraisal'. In: P. Kurtz (Hrsg.): *A Skeptic's Handbook of Parapsychology.* Buffalo, S. 645-684.

Hubbard, J. H., West, B. H. (1995): *Differential Equations: A Dynamical Systems Approach. Higher-Dimensional Systems.* Berlin.

James, W. (1910): 'Report on Mrs. Piper's Hodgson-Control'. *Proc. Soc. Psych. Res. 23*: 2-121.

Janning, W., Knust, E. (2004): *Genetik. Allgemeine Genetik – Molekulare Genetik – Entwicklungsgenetik.* Stuttgart.

Jung, C. G. (1986): *Erinnerungen, Träume, Gedanken von C. G. Jung.* Herausgegeben von A. Jaffé, 4. Aufl., Olten.

Knippers, R. (1995): *Molekulare Genetik.* 6. Aufl., Stuttgart.

Kolb, B., Whishaw, I. Q. (1985): *Fundamentals of Human Neuropsychology.* 2. Aufl., New York.

Kurtz, P. (Hrsg.) (1985): *A Skeptic's Handbook of Parapsychology.* Buffalo.

Langton, C. G. (Hrsg.) (1995): *Artificial Life. An Overview.* Cambridge, Mass.

Lodge, O. (1917): *Raymond or Life and Death. With examples of the evidence for survival of memory and affection after death.* 8. Aufl., London.

Mattiesen, E. (1987): *Das persönliche Überleben des Todes. Eine Darstellung der Erfahrungsbeweise. Bd. I-III.* Neuauflage der Ausgabe von 1936/1939, Berlin.

Mills, A., Haraldsson, E., Keil, H. H. J. (1994): 'Replication Studies of Cases Suggestive of Reincarnation by Three Independent Investigators'. *Jn. Am. Soc. Psych. Res. 88*: 207-219.

Mischo, J., Niemann, U. J. (1983): 'Die Besessenheit der Anneliese Michel (Klingenberg) in interdisziplinärer Sicht'. *Ztschr. f. Parapsych. und Grenzgebiete der Psychol. 25*: 129-194.

Moody, R. A. (1977): *Leben nach dem Tod.* Reinbek.

Moser, F. (1950): *Spuk. Irrglaube oder Wahrheit? Eine Frage der Menschheit.* Baden bei Zürich.

Müller, B., Reinhardt, J. (1990): *Neural Networks. An Intro*duction. Berlin.

Myers, F. W. H. (1903): *Human Personality and its Survival of Bodily Death.* 2 Bde. London.

Normile, D. (2001): 'Gene expression differs in human and chimp brains'. *Science 292*: 44-45.

Noyes, R. (1972): 'The experience of dying'. *Psychiatry 35*: 174-184.

Noyes, R., Hoenk, P. R., Kuperman, S., Slymen, D. J. (1977): 'Depersonalization in accident victims and psychiatric patients'. *Jn. of Nervous and Mental Disease: 164*: 401-407.

Oesterreich, T. K. (1921): *Die Besessenheit.* Langensalza.

Osis, K., Haraldsson, E. (1978): *Der Tod – Ein neuer Anfang. Visionen und Erfahrungen an der Schwelle des Seins.* Freiburg i. Br.

Paterson, R. W. K. (1995): *Philosophy and the Belief in a Life after Death.* Houndmills.

Price, H. H. (1965): 'Survival and the Idea of `Another World`'. In: J. R. Smythies (Hrsg.): *Brain and Mind. Modern Concepts of the Nature of Mind.* London, S. 1-33.

Reif, F. (1987): *Statistische Physik und Theorie der Wärme.* 3. Aufl., Berlin.

Ring, K. (1982): *Life at Death. A Scientific Investigation of the Near-Death Experience*. New York.

Ring, K. (1986): *Den Tod erfahren – das Leben gewinnen. Erkenntnisse und Erfahrungen von Menschen, die an der Schwelle zum Tod gestanden und überlebt haben*. 2. Aufl., Bern.

Rodin, E. A. (1980): 'The Reality of Death Experiences. A Personal Perspective'. *Jn. of Nervous and Mental Disease 168*: 259-263.

Rodin, E. (1989): 'Comments on "A Neurobiological Model for Near-Death Experiences"'. *Jn. of Near-Death Studies 7(4):* 255-259.

Rogo, D. S. (1985): *Reisen in die unsterbliche Dimension. Ein 8 Schritte-Führer für Astralreisen*. München.

Roll, W. G. (1982): 'The Changing Perspective on Life after Death'. In: S. Krippner (Hrsg.): *Advances in Parapsychological Research. Vol. 3*. New York, S. 147-291.

Saavedra-Aguilar, J. C., Gómez-Jeria, J. S. (1989): 'A neurobiological model for near-death experiences'. *Jn. of Near-Death Studies 7(4):* 205-222.

Sabom, M. B. (1982): *Erinnerung an den Tod. Eine medizinische Untersuchung*. 2. Aufl., Berlin.

Schmidt, H. (1993): 'Fortschritte und Probleme der Psychokinese-Forschung'. *Ztschr. f. Parapsych. und Grenzgebiete der Psychol. 35*: 28-40.

Sharma, P., Tucker, J. B. (2004): 'Cases of the Reincarnation Type with Memories from the Intermission Between Lives'. *Jn. of Near-Death Studies 23(2):* 101-118.

Siegel, R. K. (1977): 'Hallucinations'. *Scientific American 237*: 132-140.

Siegel, R. K. (1983): 'Life After Death'. In: G. O. Abell, B. Singer (Hrsg.): *Science and the Paranormal. Probing the Existence of the Supernatural*. New York, S. 159-184.

Soal, S. G., Bateman, F. (1954): *Modern Experiments in Telepathy*. Westport.

Stevenson, I. (1973): 'Carington's Psychon Theory as Applied to Cases of the Reincarnation Type: A Reply to Gardner Murphy'. *Jn. Am. Soc. Psych. Res. 67*: 130-146.

Stevenson, I. (1974): *Xenoglossy: a Review and Report of a Case*. Bristol.

Stevenson, I. (1977): 'Reply to the comments of Dr. Lief and Dr. Ullman'. *Jn. of Nervous and Mental Disease 165*: 181-183.

Stevenson, I. (1984): *Unlearned Language. New Studies in Xenoglossy.* Charlottesville.

Stevenson, I. (1986): *Reinkarnation. Der Mensch im Wandel von Tod und Wiedergeburt. 20 überzeugende und wissenschaftlich bewiesene Fälle.* 5. Aufl., Freiburg i. Br.

Stevenson, I. (1999): *Reinkarnationsbeweise. Geburtsnarben und Muttermale belegen die wiederholten Erdenleben des Menschen.* Grafing.

Stevenson, I. (2005): *Reinkarnation in Europa. Erfahrungsberichte.* Grafing.

Stevenson, I., Pasricha, S. (1980): 'A Preliminary Report on an Unusual Case of the Reincarnation Type with Xenoglossy'. *Jn. Am. Soc. Psych. Res. 74*: 331-348.

Tenhaeff, W. H. (1976): *Der Blick in die Zukunft.* München.

Terzopoulos, D., Tu, X., Grzeszczuk, R. (1994): 'Artificial Fishes: Autonomous Locomotion, Perception, Behavior, and Learning in a Simulated Physical World'. *Artificial Life 1(4):* 327-351.

Thomas, C. D. (1928): *Life beyond death, with evidence.* London.

Thouless, R. H. (1984): 'Do We Survive Bodily Death?' *Proc. Soc. Psych. Res. 57*: 1-52.

Tischner, R. (Hrsg.) (1922): *Vierte Dimension und Okkultismus. Von Friedrich Zöllner, aus den „Wissenschaftlichen Abhandlungen" ausgewählt.* Leipzig.

Truesdell, C. (1984): *Rational Thermodynamics.* 2. Aufl., New York.

von Hartmann, E. (1898): *Der Spiritismus.* 2. Aufl., Leipzig.

von Hartmann, E. (1906): *Das Problem des Lebens. Biologische Studien.* Bad Sachsa.

von Lucadou, W. (1997): *Psi-Phänomene. Neue Ergebnisse der Psychokinese-Forschung.* Frankfurt a. M.

von Schrenck-Notzing, A. (1923): *Materialisationsphänomene. Ein Beitrag zur Erforschung der mediumistischen Teleplastie.* München.

White, S. E. (1963): *Das uneingeschränkte Weltall.* Zürich.

Zeilinger, A. (2002): 'Bell's Theorem, Information and Quantum Physics'. In: R. A. Bertlmann, A. Zeilinger (Hrsg.): *Quantum [Un]speakables. From Bell to Quantum Information*, S. 241-255.